**CURSO ESSENCIAL DE**

# REDES WIRELESS

SÃO PAULO
2009

© **2009 by Digerati Books**
Todos os direitos reservados e protegidos pela Lei 9.610 de 19/02/1998. Nenhuma parte deste livro, sem autorização prévia por escrito da editora, poderá ser reproduzida ou transmitida sejam quais forem os meios empregados: eletrônicos, mecânicos, fotográficos, gravação ou quaisquer outros.

| | |
|---|---|
| **Diretor Editorial**<br>Luis Matos | **Revisão**<br>Ellen Cristina Galvão |
| **Revisão Técnica**<br>Tadeu Carmona | **Diagramação**<br>Cláudio Alves |
| **Assistência Editorial**<br>Tatiana Costa | **Capa**<br>Daniel Brito |
| **Projeto Gráfico**<br>Daniele Fátima | |

Dados Internacionais de Catalogação na Publicação (CIP)
(Câmara Brasileira do Livro, SP, Brasil)

E65c    Equipe Digerati.

          Curso Essencial de Redes Wireless / Equipe Digerati. – São Paulo: Digerati Books, 2009.
          144 p.

          ISBN 978-85-7873-072-7

          1. Wireless. 2. Redes de computadores.
      I. Título.

                                                                          CDD 004. 6

**Universo dos Livros Editora Ltda.**
Rua Tito, 1.609
CEP 05051-001 • São Paulo/SP
Telefone: (11) 3648-9090 • Fax: (11) 3648-9083
www.universodoslivros.com.br
e-mail: editor@universodoslivros.com.br

# Sumário

**Capítulo 1** – Introdução ............................................. 5
Introdução ................................................................. 6
Definição de redes sem fio/o básico ................................. 6
Entenda o Access Point ................................................. 9
Instalação e configuração das placas wireless (PCI) ........... 11

**Capítulo 2** – Montagem de uma rede AD HOC .......... 19
Montagem de uma rede AD HOC .................................... 20
Redes AD HOC ........................................................... 20
Ingressando computadores na rede: XP e Vista ................ 31
Teste de conectividade da rede ..................................... 36
Como excluir a rede .................................................... 37

**Capítulo 3** – Instalação de uma
rede Infraestruturada ............................................... 41
Instalação de uma rede Infraestruturada ......................... 42
Vantagens de uma rede infraestruturada ........................ 43
Desvantagens de uma rede infraestruturada ................... 43
Onde instalar o Access Point ........................................ 44
Preparativos para a montagem da rede .......................... 45
Ativação de conexão ................................................... 47
Cabo de rede tipo par trançado .................................... 48
Devo resetar o AP? ..................................................... 53
Como acessar o Web-Setup ......................................... 54
Primeiros ajustes do AP .............................................. 57

**Capítulo 4** – Modos de operação do Access Point .... 65
Modos de operação do Access Point .............................. 66
Modos estudados ....................................................... 66
Configurações na prática ............................................. 74

## Capítulo 5 – Configurações Wireless ........................75
Configurações Wireless ................................................................ 76
Menu Wireless ............................................................................... 76
Basic Settings ................................................................................ 77
Advanced Settings ........................................................................ 80
Security ......................................................................................... 89
Access Control .............................................................................. 92
WDS settings ................................................................................. 94
Connecting Profile ........................................................................ 95

## Capítulo 6 – Configurações de TCP/IP ........................97
Protocolo TCP/IP .......................................................................... 98
LAN Interface Setup ................................................................... 102
WAN Interface ............................................................................. 106
Routing Setup ............................................................................. 111

## Capítulo 7 – Firewall ................................................. 113
Firewall ........................................................................................ 114
O que é um Firewall? .................................................................. 114
Configurando o Firewall de um AP ............................................ 117

## Capítulo 8 – Gerenciamento ..................................... 127
Gerenciamento ........................................................................... 128
Introdução ................................................................................... 128
Password ..................................................................................... 129
Status ........................................................................................... 131
Time Zone ................................................................................... 133
Log ............................................................................................... 134
Upgrade Firmware ...................................................................... 136
Statistics ...................................................................................... 137
DDNS ............................................................................................ 138
Miscellaneous ............................................................................. 140

# Capítulo 1

## Introdução

# Introdução

**Objetivos:**
- Entender o significado de redes sem fios, em seu contexto geral.
- Esclarecer os pormenores a respeito das redes WPAN, WLAN, WMAN e WWAN.
- Diferenciar as tecnologias Bluetooth, Wi-Fi e WiMax e suas aplicações.
- Conhecer os principais hardwares usados na montagem de uma rede WLAN.
- Compreender o processo de instalação e configuração de uma placa *wireless* (PCI) no Windows XP e no Vista e suas diferenças.

## Definição de redes sem fio/o básico

A palavra *wireless* significa sem fio (*wire*: fio, cabo; *less*: sem). Se houver a comunicação entre ao menos dois dispositivos (que em redes são chamados pelo termo técnico *nós*) sem o auxílio de fios ou cabos, há uma *comunicação sem fio* (**Figura 1.1**).

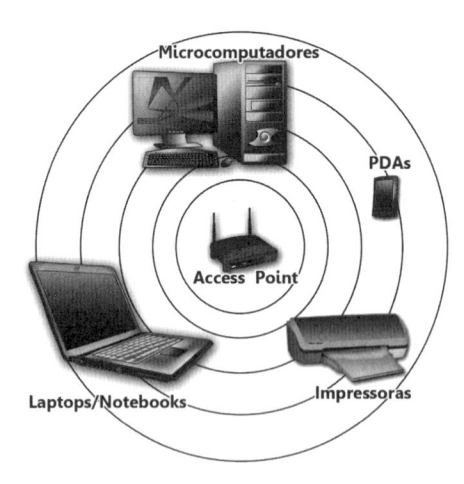

**Figura 1.1.:** Exemplo de uma rede sem fio com *Access Point*. Nessa imagem, é possível observar que vários equipamentos podem usufruir da comunicação sem fio, como computadores, PDAs (ou portáteis semelhantes), notebooks e laptops, impressoras, dentre outros. Todos, nesse exemplo, são ligados um dispositivo central: o *Access Point* (AP).

Se houver, por exemplo, um notebook trocando informações com um computador via *bluetooth*, já haverá ali uma rede, embora muito pequena. Redes como essa são chamadas de WPAN (*Wireless Personal Area Network*) ou de *redes pessoais*.

E se a rede for maior, contendo uma ou algumas salas interligadas? Essa rede passa a ser chamada de WLAN (*Wireless Local Area Network*), que são as *redes locais sem fio*. As famosas *lan houses* que utilizam comunicação sem fio são bons exemplos de WLAN.

Acima dessa, chegamos às WMAN (*Wireless Metropolitan Area Network*), que são as *redes metropolitanas*. Metropolitano nos remete a metrópole, ou seja, cidade (muito embora o significado, em sua essência, seja um pouco mais abrangente). Isso quer dizer que uma WMAN é uma rede sem fio espalhada por uma cidade. Basta imaginar vários prédios interligados ou, ainda, uma empresa que ofereça acesso à Internet utilizando comunicação sem fio (Internet via rádio).

Por fim, depois das WMAN vêm as gigantescas WWAN (*Wireless Wide Area Network*), que são as *redes geograficamente distribuídas* e, como é possível imaginar, capazes de interligar países e continentes (além de cidades, é claro). O maior exemplo de todos você provavelmente usa todos os dias: a Internet.

## Bluetooth, Wi-Fi e WiMax

Todos esses termos designam redes que utilizam comunicação sem fio graças ao uso de ondas de rádio.

O primeiro deles, *Bluetooth*, designa uma tecnologia utilizada em redes pessoais. Possui alcance pequeno: apesar do alcance teórico de 10 metros ou mais, na prática os dispositivos envolvidos não conseguem se comunicar a distâncias maiores que dois metros. Atualmente, é muito utilizada para a interligação de notebooks, celulares, impressoras, entre vários outros exemplos que poderíamos citar aqui.

*Wi-Fi* é a tecnologia empregada nas redes locais sem fio, as quais são o escopo desta obra. Possui um alcance maior e, no geral, um dispositivo pode ficar até 100 metros de distância do nó central (AP – *Access Point*), muito embora diversos fatores contribuam para que essa distância seja maior ou menor.

Por fim, um termo em ascensão é *WiMax*. Essa é uma tecnologia de comunicação sem fio em alta velocidade que permite a interligação de nós em longas distâncias (algo na casa dos quilômetros). Desse modo, redes *WiMax* podem ser empregadas nas WMAN.

## O que é necessário para a montagem de uma WLAN/Padrões IEEE 802.11 ||||||||||||||||||||

Existem vários hardwares que podem ser usados na montagem de uma rede *wireless*. Mas, nesta publicação, há explicações para montar dois tipos de redes:
- **Sem AP:** é uma rede *wireless* "placa-a-placa".
- **Com AP:** que irá centralizar o sinal de rádio.

Desse modo, para acompanhar os exercícios, você precisará de:
- **Placa de rede *wireless* do padrão PCI (Figura 1.2):** é necessário uma placa para cada PC envolvido. O padrão escolhido foi o IEEE 802.11g, que alcança uma taxa de 54Mbits/s na frequência de 2,4GHz. Mas existem outros padrões: IEEE 802.11a (54Mbits/s; 5GHz) e IEEE 802.11b (11Mbits/s; 2,4GHz).

**Figura 1.2.:** Placas de rede *wireless* (PCI). Observe que cada placa possui uma pequena antena dobrável. Ela pode possuir um formato diferente, tal como um dispositivo que é ligado e um fio de aproximadamente um metro, o que permite posicioná-la melhor, obtendo uma melhor qualidade de sinal.

- **AP (*Acess Point*):** também segue o padrão IEEE 802.11. Dessa forma, você irá encontrar AP operando nos padrões IEEE 802.11a, IEEE 802.11b e IEEE 802.11g. Para evitar maiores problemas, adquira um *Access Point* (**Figura 1.3**) que utilize o mesmo padrão das placas. Isso é uma garantia a mais de conseguir montar a rede do início ao fim sem maiores dificuldades. É imprescindível constar que existem vários modelos de AP com funções "extras", tais como *switch* e até roteador.

**Figura 1.3.**: AP usado nessa publicação. Modelo Zplus G220 da Zinwell (www.zinwell.com.br). Você pode usar qualquer outro AP, uma vez que as configurações primordiais (tais como IP, sub-máscara, SSID, Band, entre outras) abordadas no decorrer do livro estão presentes em todos os dispositivos atualmente comercializados.

## Entenda o Access Point

Ao comprar o *Access Point*, observe atentamente o seu painel frontal e traseiro. No painel frontal há, geralmente, alguns LEDs (*Light Emitting Diode* ou Diodo Emissor de Luz) que indicam a atividade/funcionamento do dispositivo tais como *LAN* (LED que é aceso quando o *Access Point* está ligado a algum equipamento e pisca quando ocorre atividade ou tráfego de pacotes), *Tx/Rx* (LED que indica que há, naquele momento, tráfego de dados na rede *wireless*, ou seja, está ocorrendo o envio e/ou recebimento de dados) e *PWR* (ou *Power*, o qual indica que o *Acess Point* está ligado).

Dependendo do modelo, pode haver mais LEDs indicadores de atividade/funcionamento. Um outro que não podemos deixar de mencionar é o LED que indica conexão com algum roteador de Internet banda larga (ou rede), indicado, geralmente, por WAN. Se o AP tiver a função de switch, poderá haver um LED para cada porta RJ-45.

Algumas dessas informações podem estar presentes na placa de rede *wireless*, e indicam a mesma coisa. Geralmente a placa contém somente dois LEDs: um indica que a rede está funcionando (*LINK*) e o outro indica atividade de envio e/ou recebimento de dados (*Tx/Rx*). Essa última atividade também pode ser indicada por um LED chamado *Activity*.

No painel traseiro (**Figura 1.4**) estão presentes as portas RJ-45, entre outros itens. Vejamos os principais deles:
- **Conector para a fonte:** no geral, um *Access Point* é alimentado por uma fonte de 5V (2A). Essa fonte é importante e é parte integrante do produto. Use somente a fonte apropriada para evitar problemas como sobretensão.
- **Porta WAN/LAN:** é onde interligamos um roteador para conexão com a Internet banda larga ou outra rede interna ou externa. É uma porta RJ-45, no geral do padrão 10/100Mbits/s.
- **Porta LAN:** essa porta (RJ-45, no geral do padrão 10/100Mbits/s;) pode ser usada para interligar o AP a um servidor (ou qualquer outro computador) ou a um Hub/Switch, integrando uma rede cabeada à rede *wireless*. Ao configurar o AP pela primeira vez, o mais usual é interligá-lo a um computador através dessa porta. Obviamente, o computador em questão deverá ter uma placa de rede comum (para rede cabeada) instalada e configurada corretamente.
- **Botão Reset:** é um botão bem pequeno. Para pressioná-lo, na maioria das vezes, é necessário usar um objeto fino e alongado, como um palito de fósforos ou agulha de tricô. É usado para apagar as configurações realizadas posteriormente no aparelho, retornando às configurações de fábrica (ou configurações default). Deve-se ter cuidado ao optar por utilizá-lo, pois ele apaga todos os ajustes feitos, e a rede poderá deixar de funcionar até que o roteador seja reconfigurado. Apesar dos riscos, esse botão é extremamente útil em diversos casos como, por exemplo, a perda da senha de acesso ao *setup* do roteador. Basta apagar suas informações e ele voltará ao estado tal como saiu de fábrica, com a senha e login padrão do fabricante. Vale lembrar que alguns modelos não pedem senha nos primeiros acessos, até que o usuário a configure.
- **Antena:** é o conector onde se acopla a antena.

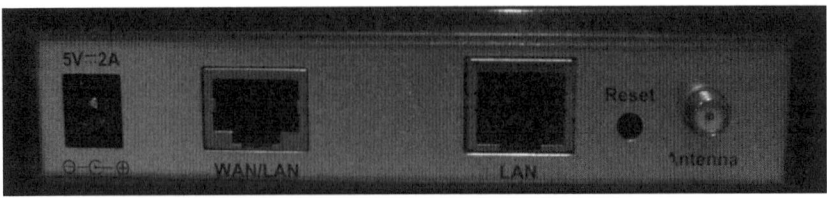

Figura 1.4.: Painel traseiro de um AP Zplus G220 da Zinwell. Esses itens possuem, basicamente, a mesma função em qualquer AP.

Quanto à instalação física do AP, escolha um bom local. Lembre-se: paredes, aquários, armários, entre outros, são obstáculos que vão fazendo com que o sinal *wireless* perca força. Alguns modelos são construídos para serem colocados sobre uma mesa (ou armário), enquanto outros também podem ser fixados em uma parede. Se os computadores da rede ficarem todos dentro de uma única sala, coloque o roteador em um local que permita que todos os computadores o "enxerguem" sem muitos problemas. Se os computadores de sua rede ficam em duas salas separadas por uma porta, uma boa alternativa é colocar o roteador nessa porta (no marco), bem na divisão entre as duas salas.

No geral, quando os computadores e demais nós envolvidos ficam próximos, o sinal ficará bom, mesmo com obstáculos tais como os citados. Esse sinal, ou seja, a "força" com que a placa de rede *wireless* está recebendo esse sinal é medida pelo próprio sistema operacional, como está demonstrado mais à frente, neste livro, com as versões XP e Vista do Windows.

## Instalação e configuração das placas wireless (PCI)

É fundamental deixar todos os computadores preparados para ingressarem em uma rede sem fio. Isso é feito por meio da correta instalação e configuração das placas de rede *wireless*. Existem outros dispositivos de hardware que podem ser utilizados, como dispositivos USB ou cartões *wireless* PCMCIA ou *ExpressCard* (para notebooks). Nesta publicação usamos como referência as placas PCI, como você já deve ter percebido.

**1.** O processo de instalação inicia-se ao abrir o gabinete e conectar a placa em um slot PCI livre. **Cuidado:** faça isso com o computador desligado.

**2.** Prenda a placa corretamente com os parafusos para que não fique solta. Feito isso, feche o gabinete e reinicie o computador.

**3.** Não se esqueça de colocar a antena na placa.

Os próximos passos são realizados no sistema operacional. Acompanhe a seguir a instalação no Windows XP e Vista.

# Windows XP

A instalação é muito fácil, pois você pode simplesmente instalar o driver por meio do *autorun* do CD. Caso você tenha feito, via Internet, o download do driver atualizado, basta executar o arquivo baixado.

**1.** Ao entrar no Windows XP, o novo hardware é detectado e o assistente entra em ação (**Figura 1.5**). Simplesmente clique em **Cancelar**. Não é necessário executar o assistente, uma vez que já temos um CD com o driver apropriado para instalação.

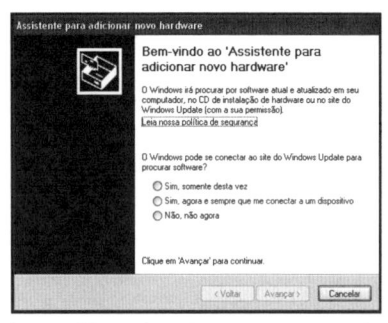

**Figura 1.5.**: Assistente **Novo hardware encontrado** do Windows XP.

**2.** Em seguida, coloque o CD que acompanha a placa no leitor óptico e proceda com a instalação, que é automática (**Figura 1.6**). Frisamos que, caso você tenha baixado o driver atualizado da Internet, basta executar o arquivo e proceder com a instalação.

**Figura 1.6.**: A vantagem em executar a auto-instalação é que, no geral, é possível definir se queremos instalar somente o driver ou o driver juntamente com os utilitários da placa. Os utilitários são pequenos softwares que permitem fazer alguns ajustes, além de mostrar as redes *wireless* detectadas e o percentual do sinal de cada uma delas.

Terminada a instalação, caso não tenha ocorrido nenhum erro, o próximo passo é ingressar o micro em uma rede (ou criar uma nova rede, como veremos no próximo capítulo). Mas antes, vamos checar se a placa está instalada corretamente:

**1.** Clique com o botão direito do mouse sobre o ícone **Meu Computador** (na área de trabalho ou pelo menu **Iniciar**) e em seguida clique em **Propriedades**.

**2.** Na janela **Propriedades do Sistema**, vá ate a aba **Hardware**. Clique no botão **Gerenciador de Dispositivos (Figura 1.7)**.

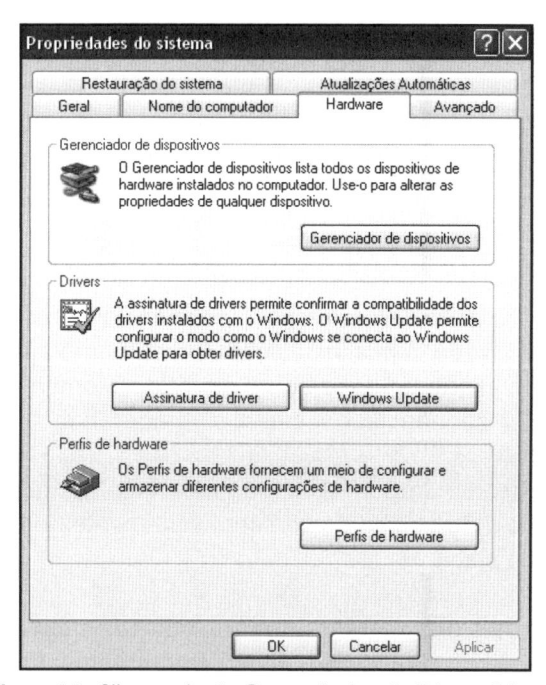

Figura 1.7.: Clique no botão **Gerenciador de Dispositivos**.

**3.** A placa de rede *wireless* é listada no item **Adaptadores de Rede (Figura 1.8)**. Se ela for discriminada com sua marca e modelo corretamente e sem nenhum ponto de exclamação (amarelo) junto ao nome, tudo foi instalado corretamente.

Introdução

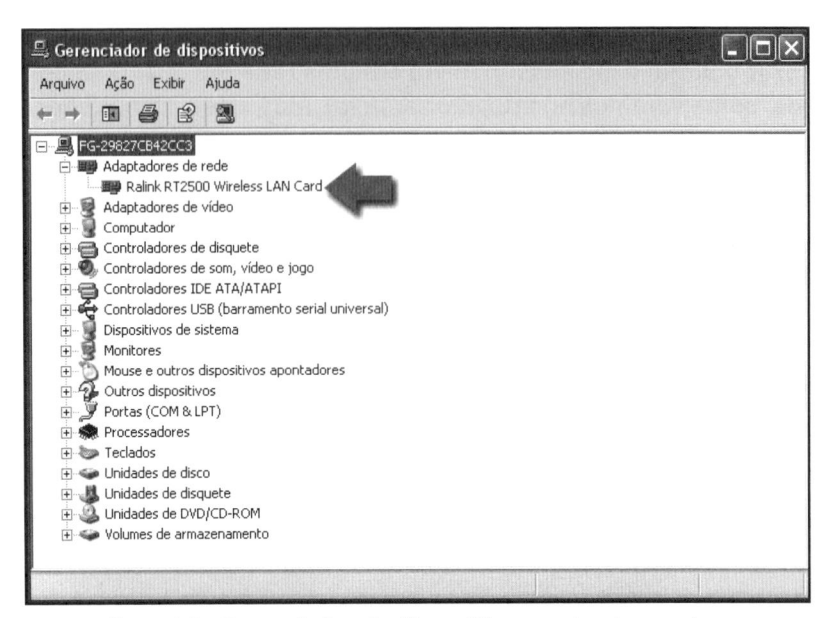

Figura 1.8.: **Gerenciador de dispositivos** mostrando uma placa
de rede *wireless* instalada corretamente.

**4.** Se há um ponto de exclamação ao lado do ícone do dispositivo, há algo de errado com a instalação. Experimente apagar o driver (simplesmente clique uma vez sobre ele e pressione a tecla **Delete**, confirmando na sequência) e reiniciar o computador.

**5.** Se o procedimento anterior não der certo, visite o site do fabricante e faça o download da versão mais recente do driver para o modelo de sua placa.

Uma vez que a placa tenha sido instalada corretamente, já haverá, no canto inferior direito da barra de ferramentas do Windows, o ícone **Conexão de rede sem fio**. Clique uma vez sobre ele e, caso exista alguma rede sem fio ao alcance, ela será exibida (**Figura 1.9**). Se não houver nenhuma rede sem fio ao alcance, não surgirá ícone algum. Em alguns casos a rede deve ser configurada, operação que realizaremos no próximo capítulo.

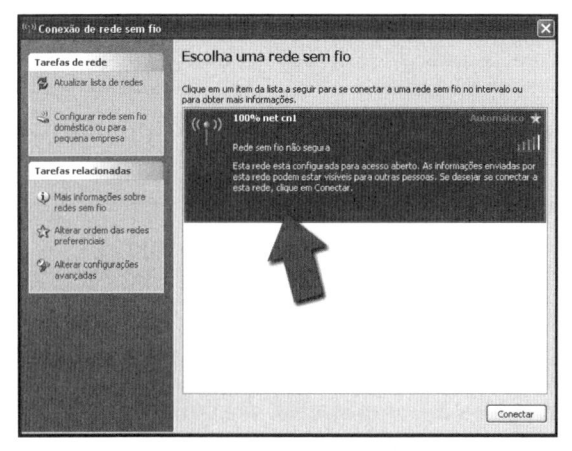

**Figura 1.9.:** Em nossos testes, ao instalar a placa de rede em um computador, foi encontrada prontamente uma rede sem fio por perto. Mas é comum que nenhuma rede seja exibida.

## Windows Vista ||||||||||||||||||||||||||||||||||||||||||||||

Basicamente, tudo que foi dito a respeito da instalação da placa de rede *wireless* no Windows XP vale para o Windows Vista: com o computador desligado, conecte a placa no slot e ligue novamente o computador (feche o gabinete antes, se preferir). O novo hardware será detectado (**Figura 1.10**). Se o Windows tiver os drivers da placa, ela já é automaticamente instalada (**Figura 1.11**). Você perceberá algumas diferenças em relação ao Windows XP: as informações de novo hardware detectado e sua instalação surgem na barra de ferramentas.

**Figura 1.10.:** Novo hardware detectado e sendo instalado. Observe que essas informações aparecem na barra de ferramentas.

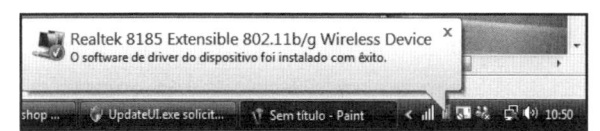

**Figura 1.11.:** Driver instalado. No nosso exemplo, o Windows Vista já possuía o driver, detectou o dispositivo e instalou tudo automaticamente!

Se o Windows Vista não possuir o driver, basta usar o CD da placa (ou o driver atualizado baixado do site do fabricante) e realizar a instalação.

Quanto ao **Gerenciador de Dispositivos** do Vista, existem algumas diferenças na forma de acessá-lo, mas isso não representa dificuldades para àqueles aqueles que já conhecem o Windows XP.

**1.** Clique com o botão direito sobre o ícone **Meu Computador** e clique em **Propriedades** normalmente.

**2.** Será aberta a janela **Sistema**, com a inscrição **Exibir Informações básicas sobre o computador**. À esquerda dessa janela, clique em **Gerenciador de dispositivos**. O Windows irá pedir a sua permissão para abrir a janela do gerenciador.

**3.** Clique em **Continuar**. Pronto! Você já está no **Gerenciador de dispositivos** (**Figura 1.12**) e tudo que foi explanado sobre o gerenciador de dispositivos do Windows XP vale para o Windows Vista.

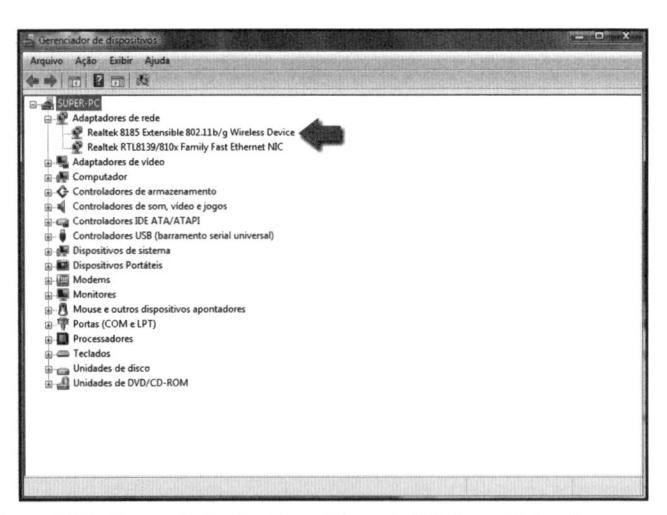

**Figura 1.12.: Gerenciador de dispositivos** do Windows Vista. Observe que a placa de rede wireless já se encontra instalada. Nesse exemplo, há duas placas Realtek presentes: 8185 (wireless) e 8239 (placa para rede cabeada).

Para exibir a conexão de redes sem fio, clique no menu **Iniciar > Conectar a**. Será aberta a janela **Conectar-se a uma rede** (**Figura 1.13**). Se alguma rede sem fio for detectada, ela será exibida.

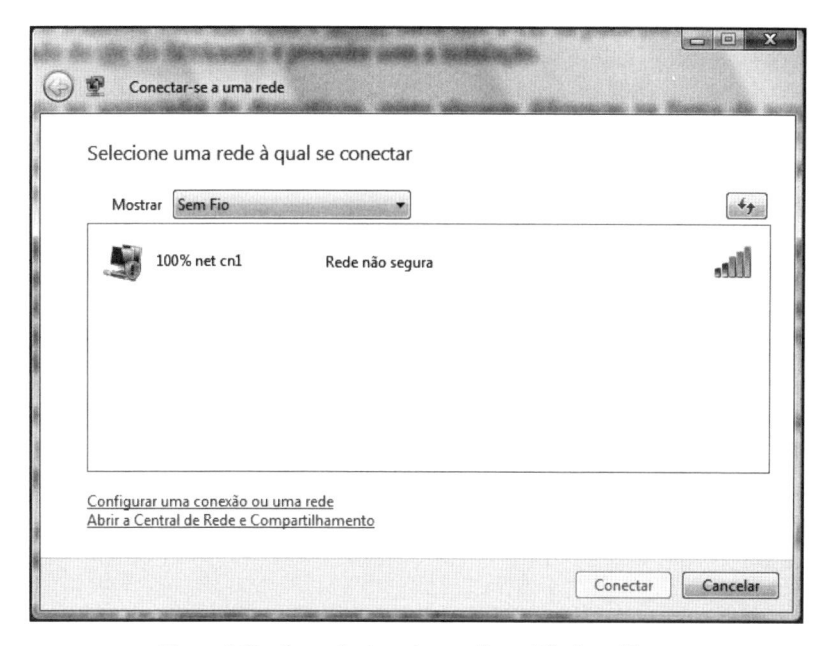

**Figura 1.13.:** Conexão de rede sem fio no Windows Vista.

# Capítulo 2

## Montagem de uma rede AD HOC

## Montagem de uma rede AD HOC

Objetivos:
- Saber o que é uma rede AD HOC, suas vantagens e desvantagens.
- Diferenças entre uma rede infra-estruturada.
- Entender o que é uma rede mista.
- Como configurar uma rede AD HOC no Windows XP e Vista.
- Como ingressar computadores com sistemas operacionais Windows XP ou Vista na rede.
- Entender como realizar testes simples de conectividade.
- Como remover redes anteriormente criadas.

## Redes AD HOC

Neste capítulo, você aprenderá a configurar um tipo de rede em grande ascensão no momento, que são as redes AD HOC. As redes *wireless* são sempre vistas, pelos iniciantes e pelos "não-entendidos", com muito misticismo, como algo muito complicado de se lidar, cujos equipamentos (hardwares) necessários são caros, muito vulneráveis etc.

Em todas essas afirmações há verdades e mentiras. O quão complicado será montar uma rede wireless depende unicamente de seu tamanho e tipo. Se for uma pequena rede, principalmente uma AD HOC, saiba que é mais fácil montá-la do que você imagina. Por outro lado, se for uma rede metropolitana (WMAN) para distribuição de Internet via rádio em uma cidade, você precisará se especializar mais no assunto. E no final das contas, se você tiver domínio dos assuntos, não será tão difícil quanto parece.

Quanto ao preço dos equipamentos, mais uma vez depende do projeto. Uma rede AD HOC necessita somente de uma placa wireless em cada micro envolvido. Sim, é isso mesmo que você acabou de ler. Então, uma rede dessas sai até mais barata do que uma rede cabeada. Se for uma rede maior, uma WMAN por exemplo, são necessários equipamentos muito mais caros, como antenas que devem ser instaladas em torres, repetidores etc.

A questão da vulnerabilidade é o único assunto em que existe muita verdade envolvida. Redes AD HOC são mais vulneráveis do que uma rede *infra-estruturada* (que utiliza um AP) e se você deixá-la acessível sem qualquer proteção, qualquer um que pegar seu sinal pode tentar se conectar e usar sua Internet de graça, por exemplo. Mas, no decorrer da leitura você verá como aplicar uma segurança mínima em sua rede.

Não poderíamos deixar de falar sobre a velocidade com que os dados podem ser transportados pela rede, ou seja, a taxa de transferência, que possui um limite de 11Mbits/s, não importando se você usar um padrão acima desse – como por exemplo o IEEE 802.11g, que alcança uma taxa de 54Mbits/s em redes infra-estruturadas.

## Mas, afinal, o que é uma rede AD HOC? ||||||||||||||||

É comum, principalmente para os leigos no assunto, crer que para montar uma rede WLAN, mesmo se ela tiver poucos computadores, é necessário adquirir um AP, instalá-lo em algum lugar do imóvel, instalar uma placa *wireless* em cada micro, configurar etc., o que acaba encarecendo a construção da rede. Mas há uma forma de se montar uma rede sem fio de forma fácil e bem mais econômica do que uma rede *wireless* infra-estruturada: as redes AD HOC.

Basicamente, uma rede AD HOC é aquela cuja comunicação entre os nós envolvidos não é intermediada por um *Access Point*, ou seja, todos os nós se comunicam diretamente entre si (**Figura 2.1**). Sua montagem é rápida e não requer uma infra-estrutura de rede previamente montada. Esses tipos de redes também são chamadas de *IBSS* (*Independent Basic Service Set*). Algumas publicações podem tratar dessas redes como "Rede de computador a computador".

**Figura 2.1.:** Exemplos de redes AD HOC.

É comum algumas publicações traduzirem redes AD HOC como "aquela que não utiliza cabos de redes". Ora, uma rede *wireless* não utiliza cabos de rede, mesmo se ela tiver um AP centralizando e intermediando a comunicação entre os nós – pode-se até conectar um cabo de rede no AP para configurá-lo, mas ela continua sendo uma rede *wireless*, pois depois da configuração o cabo de rede pode ser desconectado. O que pode ocorrer é de uma rede *wireless* possuir um microcomputador que é interligado a um roteador (via cabo de rede) e que dá a ele acesso à Internet banda larga. Mas, se essa rede não possuir um AP centralizando o sinal, mesmo assim ela é uma rede AD HOC.

Por outro lado, se a rede *wireless* estiver ligada a uma rede cabeada (o AP ligado a um switch, só para citar como exemplo), temos outro caso. Chamamos essa rede, como um todo, de *rede mista*. Isto nada mais é do que duas redes (uma *wireless* e outra cabeada) se comunicando entre si, ou seja, elas estão interligadas.

## Vantagens

As principais vantagens são o baixo custo e a facilidade em montar. Como já foi dito anteriormente, o custo para montar essas redes fica bem menor do que para montar uma rede infra-estruturada.

São bem mais fáceis de montar também. Basta configurar o Windows corretamente e você já terá uma rede AD HOC funcionando. Imagine a seguinte situação: uma sala de aula onde alguns (ou todos) possuem notebooks com recurso de rede *wireless*. Nesse cenário, em questão de minutos uma rede AD HOC pode ser estabelecida e todos passam a trocar informações entre si. Esse tipo de rede pode ser estabelecido em qualquer local, em qualquer hora. Basta haver, pelo menos, dois computadores (ou dois notebooks, ou, um notebook e um computador) com suporte à rede sem fio. Nas linhas que se seguem, é demonstrado como configurar o Windows XP e o Vista.

Existe ainda a vantagem da conectividade. A comunicação é direta. Se você colocar dois microcomputadores um ao lado do outro, a comunicação será realizada entre eles com sinal perfeito. Já em uma rede infra-estruturada, mesmo se você colocar dois microcomputadores lado a lado, a comunicação deverá passar primeiro pelo AP e, se ele estiver muito longe, o sinal *wireless* poderá ficar fraco.

São indicadas para pequenas redes, para compartilhar arquivos, dispositivos e Internet (mas é preciso observar essa questão a seguir, em desvantagens).

## Desvantagens

Algumas das principais desvantagens são que os computadores envolvidos não podem ficar muito longe uns dos outros. Somente algo em torno de nove metros.

Outra desvantagem é que o micro que tiver Internet compartilhada deve ficar sempre ligado, caso contrário, todos perdem a conexão com a Internet.

Por fim, um fato que já foi dito, é que essas redes são menos seguras. Em primeiro lugar, nunca a deixe sem uma proteção mínima (de tal forma que qualquer um que captar seu sinal consiga se conectar). Configure-a de forma que somente as pessoas que você permitir possam acessá-la. Mas, é importante ter em mente que a criptografia em redes AD HOC é mais fraca se comparada à criptografia de roteadores, por exemplo. Em redes infraestruturadas, quando o roteador é ligado ao AP para compartilhar banda larga na rede, a segurança é maior, devido ao fato de esse dispositivo possuir firewall e criptografia com boa eficiência.

Por esses motivos, esse tipo de rede não é recomendado para ambientes empresariais, a não ser que não haja (nessa rede) nenhum tipo de dado sigiloso ou de grande importância, o que é muito pouco provável. Uma simples tabela com os dados pessoais dos funcionários já é um dado importante e sigiloso (nã é normal uma empresa divulgar os dados de seus funcionários). Além disso, ela não é recomendada para médias ou grandes redes, já que não existe uma administração tal como ocorre nas redes com AP.

## Criação da rede no Windows XP

O primeiro passo é criar a rede (em um computador ou notebook) para que, dessa forma, seja possível ingressar os outros computadores/notebooks. Uma dúvida muito comum: o computador/notebook em que a rede foi criada/configurada deve ficar sempre ligado para que a rede funcione? Sim. Se você desligá-lo, a rede não ficará mais disponível e nenhum dispositivo irá detectá-la. Inicialmente, veremos como criar no Windows XP:

**1.** Clique no menu **Iniciar** > **Conectar-se** > **Mostrar todas as conexões** (Ou **Iniciar** > **Painel de Controle** > **Conexões de Rede e In-**

ternet > **Conexões de rede**). Irá abrir a janela **Rede local ou Internet de alta velocidade** (**Figura 2.2**).

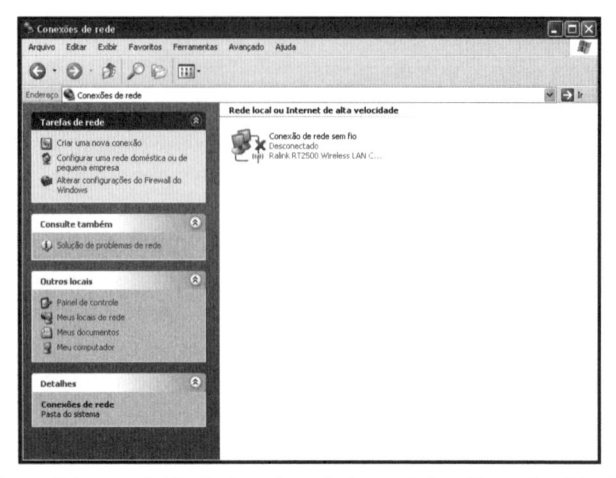

Figura 2.2.: Janela **Rede local ou Internet de alta velocidade**.

**2.** Observe que aparece o ícone que representa a placa de rede *wireless*, geralmente com um X vermelho indicando que a rede não está conectada, a não ser que ela tenha detectado e se conectado a alguma rede. Clique com o botão direito do mouse sobre ela e clique em **Propriedades** (ou clique uma vez sobre o ícone da placa de rede wireless e vá ao menu **Arquivo > Propriedades**). Surge a janela **Propriedades de conexão de rede sem fio** (**Figura 2.3**).

Figura 2.3.: Janela **Propriedades de conexão de rede sem fio**.

**3.** Clique na aba **Redes sem fio**. Abrirá a janela mostrada na figura a seguir. Observe que em **Redes preferenciais** são exibidas as redes detectadas (**Figura 2.4**).

Figura 2.4.: Aba **Redes sem fio**.

**4.** Para criar uma nova rede, clique no botão **Adicionar**. É mostrada a janela a seguir (**Figura 2.5**).

Figura 2.5.: Configuração de nova rede.

Montagem de uma rede AD HOC

**5.** É no campo **Nome da rede (SSID)** que colocamos o nome que de identificação da rede. SSID significa *Service Set IDentifier*. É esse nome que diferencia uma rede *wireless* de outra. Crie um nome preenchendo esse campo. Como exemplo, estamos criando a rede *Universo1*.

**6.** Logo abaixo, em **Chave de rede sem fio**, é ajustada a segurança da rede. No item **Autenticação da rede**, selecione **Aberta** e em **Criptografia de dados** escolha **WEP**. Essa configuração visa deixar a rede o mais compatível possível com outros nós.

**7.** Logo abaixo, se o item **Chave fornecida automaticamente** estiver marcado, desmarque-o. Iremos digitar a nossa própria chave de rede, que será solicitada a cada usuário que tentar se conectar à rede. Desse modo, digite-a em **Chave da rede**. Em seguida, repita-a em **Confirmar chave da rede**. Você pode digitar 5 ou 13 caracteres *ASCII* ou 10 ou 26 *hexadecimais*.

**8.** Por fim, marque, na parte inferior da janela, o item **Esta é uma rede de computador a computador (ad hoc); não são usados pontos de acesso sem fio**. Veja a configuração na **Figura 2.6**:

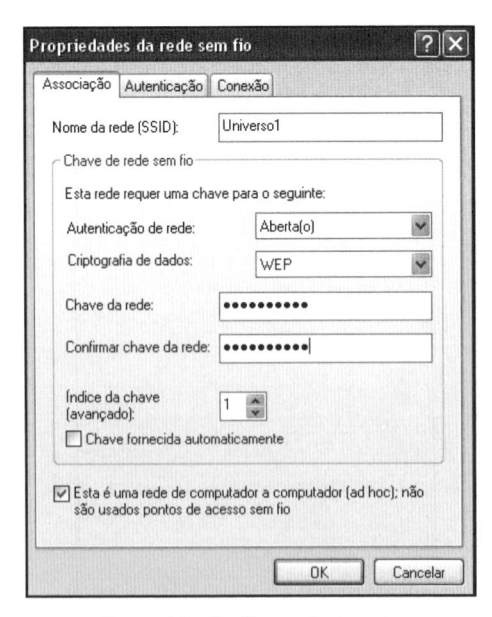

Figura 2.6.: Configuração da rede.

**9.** Por fim, clique em **OK**. A rede será criada e aparecerá no quadro redes preferenciais. Clique novamente em **OK** para fechar a janela e confirmar a criação da rede (**Figura 2.7**). A nova rede já pode ser detectada por outros micros/notebooks. Ela estará desconectada, pois nenhum micro se conectou a ela. Depois de pelo menos um microcomputador ou notebook ingressar na rede, o ícone será mostrado como conectado.

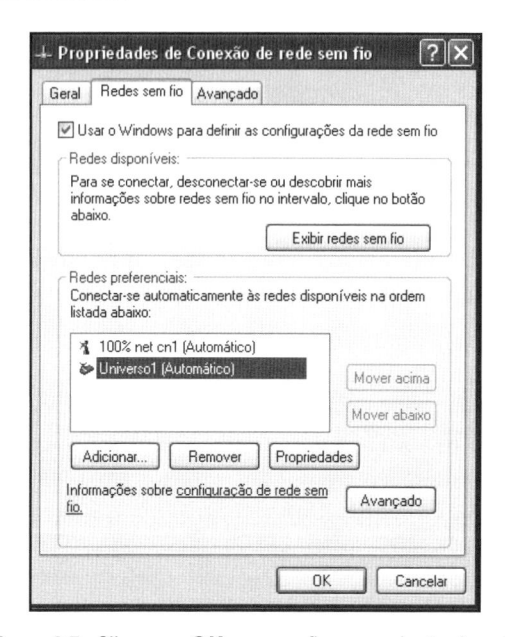

Figura 2.7.: Clique em **OK** para confirmar a criação da rede.

## Criação da rede no Windows Vista |||||||||||||||||||||||

No Windows Vista também podemos configurar a rede facilmente. Apenas o caminho para se chegar às configurações é diferente. Vejamos:

**1.** Clique no menu **Iniciar > Conectar a**. Irá abrir a janela **Conectar-se a uma rede**. Observe que bem na parte de baixo há o link **Configurar uma conexão ou uma rede** (**Figura 2.8**). Clique uma vez sobre ele.

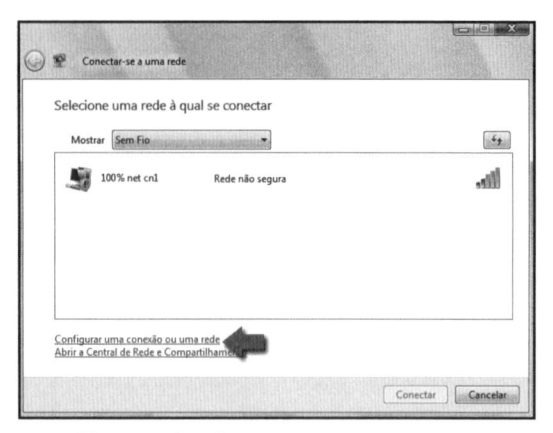

**Figura 2.8.:** Clique em **Configurar uma conexão ou uma rede**.

**2.** Na janela **Conectar-se a uma rede**, clique em **Configurar rede ad hoc sem fio (computador a computador)** e clique no botão **Avançar** (**Figura 2.9**).

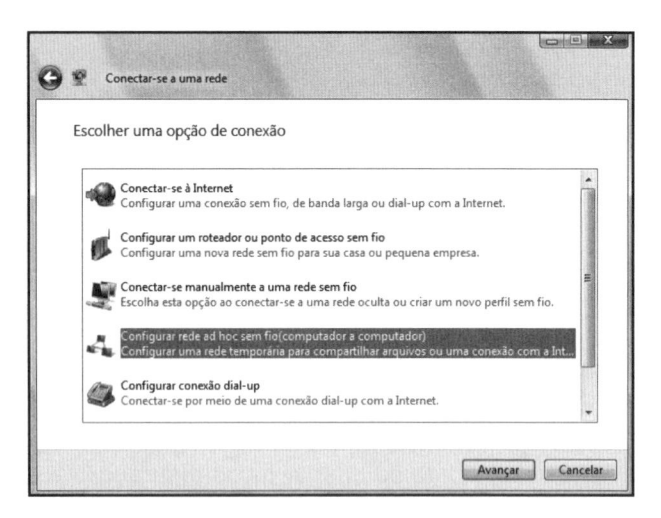

**Figura 2.9.:** Aqui, selecione a opção **Configurar rede ad hoc sem fio (computador a computador)** e clique em **Avançar**.

**3.** Irá abrir a janela **Configurar rede ad hoc sem fio (computador a computador)** com explicações a respeito desse tipo de rede (**Figura 2.10**). Clique no botão **Avançar**.

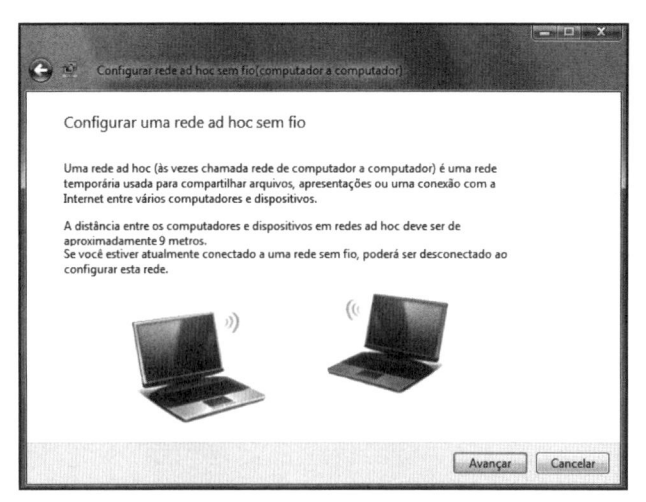

**Figura 2.10.:** Nesta tela você pode ler um pouco mais sobre as redes AD HOC. Para continuar, clique em **Avançar**.

**4.** Na próxima tela, você deve fazer as configurações já explicadas anteriormente no tópico sobre criação de redes AD HOC no Windows XP: Coloque um nome (desta vez vamos colocar *Universo2*); em tipo de segurança, selecione WEP para manter o máximo de compatibilidade com outros micros; digite uma chave de segurança (ela pode ter de 5 ou 13 caracteres com diferenciação de maiúscula e minúscula ou de 10 ou 26 caracteres hexadecimais). Para finalizar, marque a opção **Salvar esta rede** (**Figura 2.11**) e clique em **Avançar**.

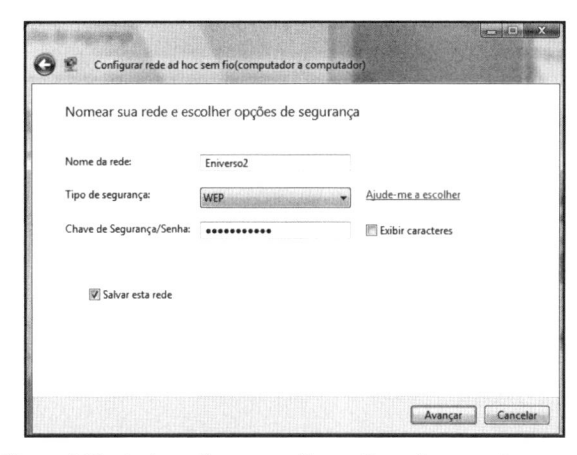

**Figura 2.11.:** Após realizar as configurações, clique em **Avançar**.

Montagem de uma rede AD HOC

**5.** Na próxima etapa já podemos finalizar a configuração da rede e ela já estará pronta para uso. Observe que nessa tela há instruções a respeito de compartilhamento de arquivos e Internet (**Figura 2.12**). Clique em **Fechar**.

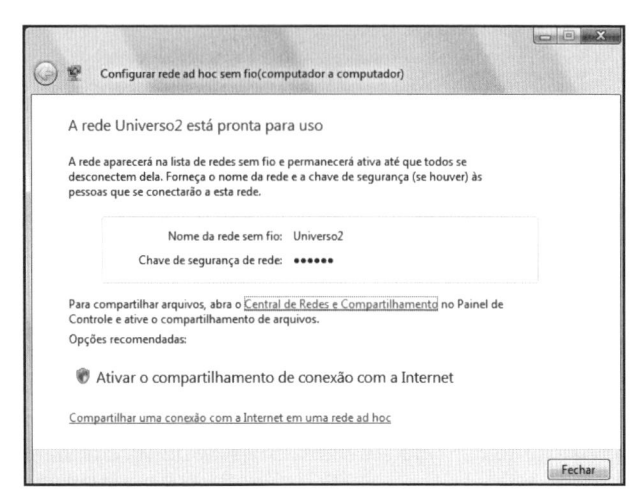

Figura 2.12.: Clique no botão **Fechar** para finalizar.

Para verificar se a rede foi criada, clique em **Iniciar > Conectar a**. Observe que a rede criada surge na lista, mas, como nenhum usuário se conectou a ela, aparece escrita a mensagem **Aguardando conexão de usuários** (Figura 2.13).

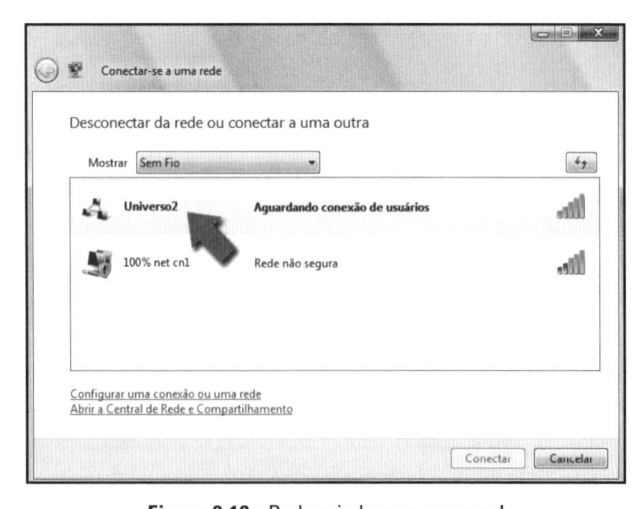

Figura 2.13.: Rede criada com sucesso!

# Ingressando computadores na rede: XP e Vista

Por meio dos textos anteriores você pode acompanhar que configurar uma rede AD HOC no Windows XP ou no Vista é muito fácil e rápido. Agora, vem a parte ainda mais fácil e rápida, que é incluir (ingressar) um microcomputador ou notebook que possua recurso *wireless* à rede recém-criada.

Vamos começar ingressando um microcomputador com Windows XP à rede *Universo2*:

**1.** Clique no menu *Iniciar* > **Conectar-se** > **Conexões de rede sem fio**.

**2.** A janela **Conexões de rede sem fio** irá exibir a rede previamente criada, que no nosso exemplo é *Universo2* (criada no Windows Vista). Observe a presença de um pequeno desenho de um cadeado, indicando que essa rede possui segurança habilitada (**Figura 2.14**).

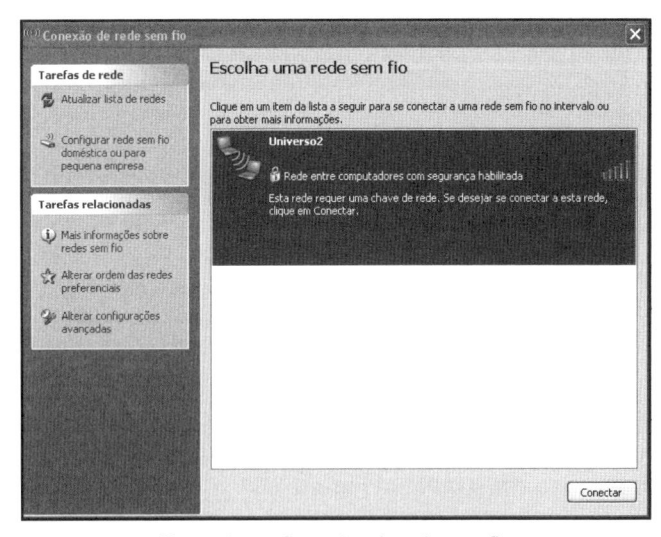

Figura 2.14.: Conexões de rede sem fio.

**3.** Para se conectar, clique uma vez sobre a rede detectada em seguida clique no botão **Conectar**. Será solicitada a chave da rede (que

Montagem de uma rede AD HOC

foi definida no momento da criação da rede). Digite-a e confirme no campo abaixo (**Figura 2.15**). Por fim, clique em **Conectar**.

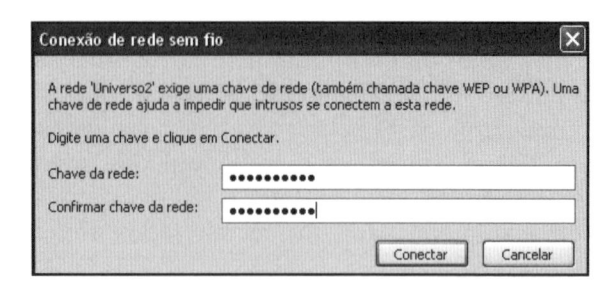

**Figura 2.15.:** Digite a chave da rede e clique no botão **Conectar**.

**4.** Ao voltar à janela **Conexão de rede sem fio**, observe que agora você está conectado (**Figura 2.16**).

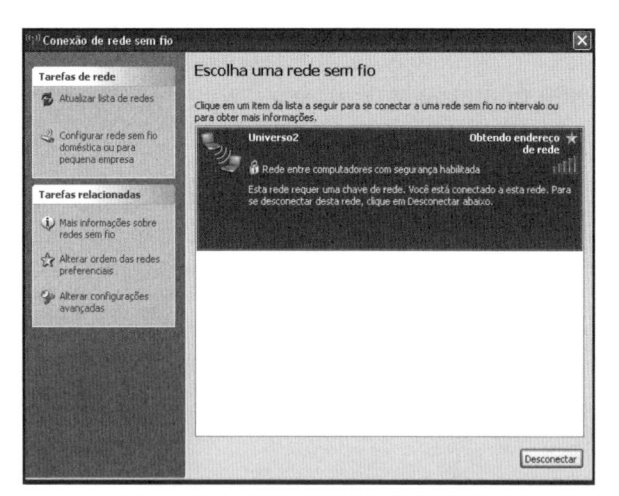

**Figura 2.16.:** Conectado à rede AD HOC.

Observe no canto inferior direito da barra de ferramentas o ícone do **Status de Conexão de rede sem fio**. Clique uma vez sobre ele para abrir a janela mostrada na **Figura 2.17**.

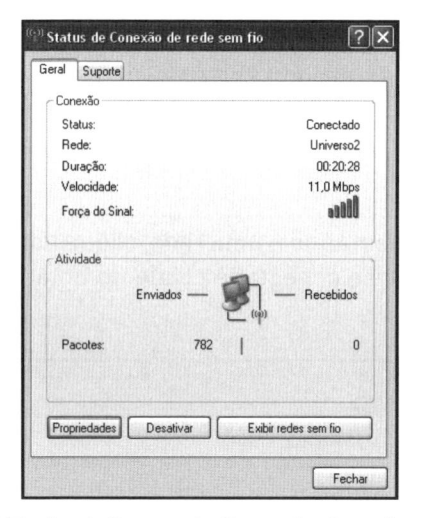

Figura 2.17.: Janela **Status de Conexão de rede sem fio**.

Na janela **Status de Conexão de rede sem fio** há informações como: o estado (status) atual (conectado ou desconectado), o nome da rede, a duração (o tempo que está conectada), velocidade (taxa de transmissão de dados) máxima alcançada (11,0Mbits/s), a força do sinal e a atividade (quantidade de bits enviados e recebidos). Clique na aba **Suporte** e haverá mais informações: tipo de endereço, IP, máscara de sub-rede e gateway padrão (**Figura 2.18**).

Figura 2.18.: Janela **Status de Conexão de rede sem fio > Suporte**.

Montagem de uma rede AD HOC

O procedimento no Windows Vista é o mesmo, apenas o caminho para chegar à janela e se conectar à rede é diferente. Para se conectar à rede a partir de um PC/notebook com Vista, faça o seguinte:

**1.** Clique no menu **Iniciar > Conectar a**.

**2.** Na janela **Conectar-se a uma rede**, clique uma vez sobre a rede *wireless* que deseja se conectar e clique no botão **Conectar** (**Figura 2.19**).

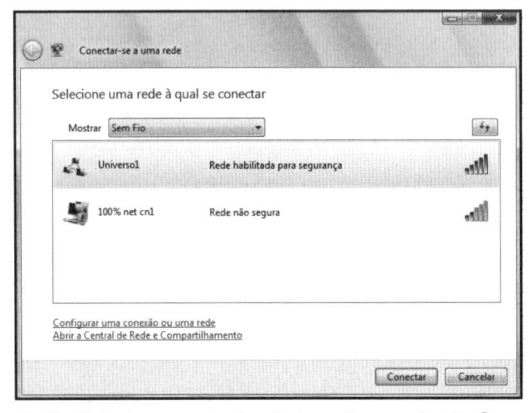

**Figura 2.19.:** Selecione a rede desejada e clique no botão **Conectar**.

**3.** Será solicitada a chave de segurança (**Figura 2.20**). Digite-a e clique no botão **Conectar**.

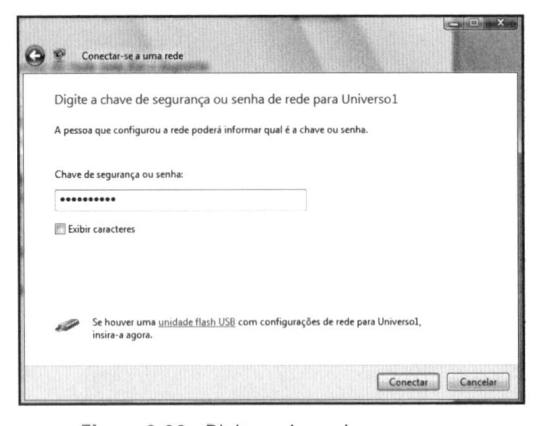

**Figura 2.20.:** Digite a chave de segurança.

Uma vez conectado, volte ao menu **Iniciar > Conecta a**. Observe que na rede sem fio, agora, haverá a inscrição "Conectado". Para ver seu status (**Figura 2.21**), clique com o botão direito do mouse sobre a conexão de rede sem fio e clique em **Status**.

**Figura 2.21.**: Status da conexão de rede sem fio. Observe que há várias informações já comentadas anteriormente, tais como o nome da rede, duração etc.

Para mais informações, clique no botão **Detalhes**. Agora você terá acesso a várias informações, tais como IP, endereço físico, máscara de sub-rede etc (**Figura 2.22**).

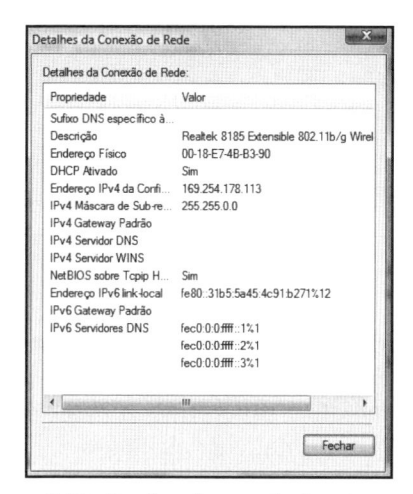

**Figura 2.22.**: Detalhes da conexão de rede sem fio.

## Teste de conectividade da rede

Caso deseje, você pode realizar um teste de conectividade na rede através do comando *ping*, que envia quatro pacotes de 32 bytes em direção ao micro destino. Para fazer isso, basta abrir o **prompt de comando**. No Windows XP ou no Vista, clique no menu **Iniciar > Todos os programas >Acessórios > Prompt de comando**.

No **prompt de comando**, digite o comando *ping* + o IP do micro de destino (ao qual se deseja testar a conectividade). Exemplo:

*ping 169.254.178.113*

Para descobrir o IP, basta ir ao status da conexão de rede sem fio e clicar na aba **Suporte** (Windows XP) ou clicar em **Detalhes** na janela status da conexão de rede sem fio, caso seja o Vista.

No final do envio, serão mostradas estatísticas contendo o número de pacotes enviados (que são quatro), os recebidos, perdidos etc (**Figura 2.23**).

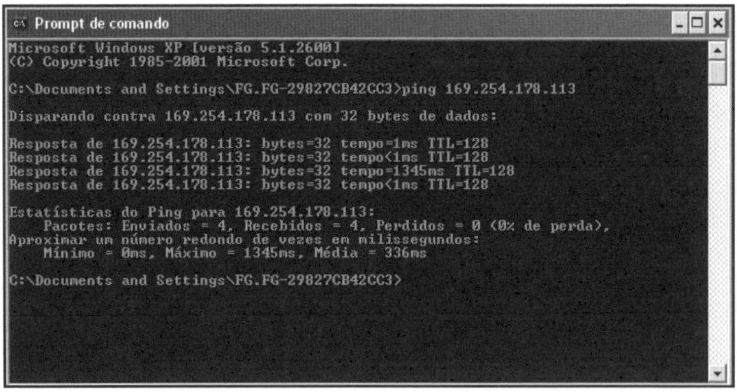

**Figura 2.23.:** Aqui, o teste de conectividade foi positivo. Observe que todos os pacotes enviados foram recebidos.

Caso seja acusado algum erro, como por exemplo, número de pacotes recebidos igual a 0 (zero), verifique se o micro de destino possui algum firewall ativo (que pode impedir o acesso de outros micros via rede). Caso afirmativo, desative-o.

Como você pode perceber, o *ping* envia quatros pacotes de 32 bytes ao micro destino. Mas você pode forçá-lo a enviar pacotes infinitamente até que as teclas **CTRL + C** sejam pressionadas para parar (**Figura 2.24**). Se forem pressionadas as teclas **CTRL + Break**, o teste será pausado, permitindo voltar a ele posteriormente se desejar). Para isso, use a seguinte sintaxe:

*Ping ip destino -t*

Exemplo:

*Ping 169.254.178.113 -t*

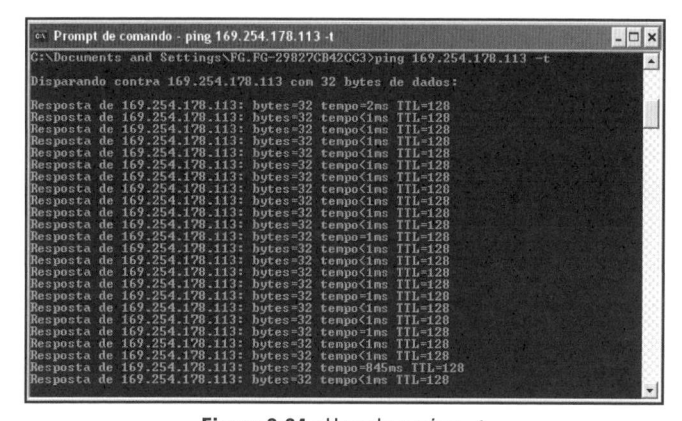

Figura 2.24.: Usando o *ping -t*.

## Como excluir a rede

Pode ser necessário excluir uma rede AD HOC por vários motivos, mas o principal deles é deixar a rede indisponível, de tal forma que ela não seja detectada por nenhum micro. Vejamos como fazer isso:

### No Windows XP

**1.** Clique no menu **Iniciar > Conectar-se > Mostrar Todas as conexões**.

**2.** Clique com o botão direito do mouse sobre o ícone da conexão de rede sem fio e clique em **Propriedades**.

**3.** Na janela que se abre, clique na aba **Redes sem fio**. Observe que, em **Redes preferenciais**, são listadas as redes sem fio detectadas, e a criada por você estará na lista (**Figura 2.25**). Note que ela poderá ser, inclusive, a única.

**Figura 2.25.:** Observe a rede *Universo* criada posteriormente por nós.

**4.** Para deletar (apagar) a rede, apenas clique uma vez sobre ela (para selecioná-la) e em seguida clique no botão **Remover**.

## No Windows Vista

**1.** Clique no menu **Iniciar > Conectar a**. A janela **Conectar-se a uma rede** irá se abrir. Observe que em sua parte inferior há o link **Abrir a central de rede e compartilhamento**. Clique uma vez sobre ele.

**2.** Irá abrir a janela **Centro de rede e compartilhamento**. Clique, à esquerda dessa janela, em **Gerenciar redes sem fio**.

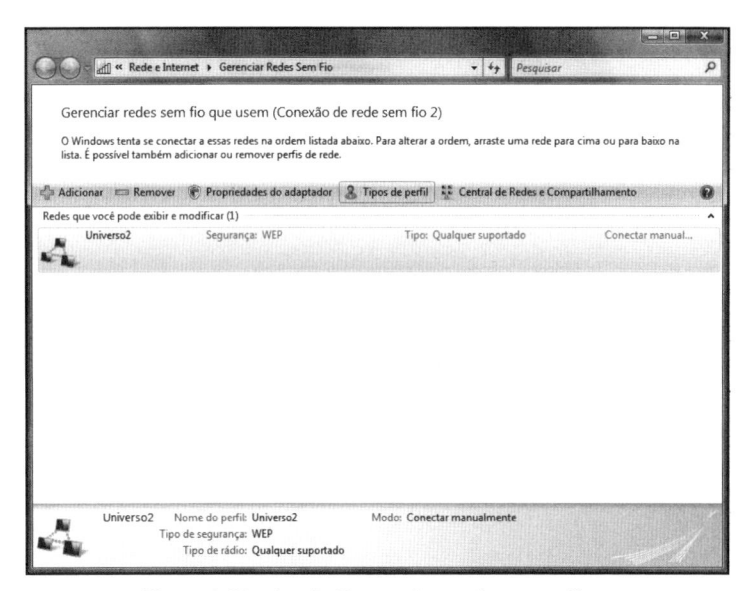

Figura 2.26.: Janela **Gerenciar redes sem fio**.

**3.** Clique uma vez sobre a rede sem fio. Por fim, clique em **Remover** e confirme na sequência, clicando em **OK**.

# Capítulo 3

## Instalação de uma rede Infraestruturada

## Instalação de uma rede Infraestruturada

**Objetivos:**
- Conhecer as vantagens e desvantagens de uma rede infraestruturada.
- Aprender a instalar fisicamente o *Acess Point*.
- Conhecer os preparativos para montar a rede corretamente, no que tange a instalações físicas e configurações do sistema.
- Saber como montar um cabo do tipo par trançado, usado para conectar o AP a um micro e poder, dessa forma, configurá-lo.
- Como e por que resetar o AP.
- Como acessar o Web Setup do AP.
- Aprender a fazer os primeiros ajustes facilmente, que já garantem o funcionamento básico da rede.

A partir deste capítulo serão abordados temas mais avançados, como a montagem de uma rede *wireless infraestruturada*. A rede terá um *Access Point* que centralizará toda a comunicação dos *nós* envolvidos. Não importa se dois microcomputadores, por exemplo, que querem se comunicar entre si estão a menos de 30 centímetros um do outro e o ponto de acesso está a 20 metros de distância. A comunicação deverá ser intermediada pelo ponto de acesso.

Esse ponto de acesso é o AP, siglas das palavras em inglês *Access Point*. Além de ele centralizar e intermediar a comunicação entre os dispositivos da rede, ele possui também a função de *firewall*, protegendo a rede contra qualquer tipo de acesso não autorizado.

Como já vimos, um AP pode ter algumas funções embutidas, como *switch* (que permite ligar outros nós através de um cabo RJ-45) e *roteador* (que permite ligar a rede wireless a uma outra rede, como a Internet). Mas, além disso, ele pode ser configurado para trabalhar com determinados modos de funcionamento (ou *modos de operação*), tais como *Bridge*, *Wireless ISP* etc. Todos esses modos de operação serão abordados em um momento mais oportuno.

## Vantagens de uma rede infraestruturada

As redes infraestruturadas são mais seguras e permitem uma maior gerenciamento e controle dos usuários, o que não ocorre em redes AD HOC.

Ao instalar um AP, em suas várias configurações há o firewall, que ajuda a proteger a rede contra acessos de intrusos. Além disso, é possível, por exemplo, verificar quantos usuários estão conectados e até saber, por meio de seu número MAC, quem são esses usuários (basta fazer, em seu micro, um cadastro de todos os usuários, associando cada um deles ao número MAC da placa de rede wireless).

E se, por acaso, algum microcomputador acessar a rede com um número MAC não conhecido, você pode simplesmente bloqueá-lo (e mais tarde pode desbloqueá-lo, caso o identifique e autorize sua entrada). Mais adiante, nesta obra, há explicações sobre endereços MACs.

A administração da rede também é bem ampla. É possível não somente saber quantos e quais usuários estão conectados na rede no momento, mas também rastrear outras redes wireless ao alcance, obter informações das configurações atuais do AP, configurar data e hora tendo como base um servidor público NTP etc.

## Desvantagens de uma rede infraestruturada

Devido às vantagens, as desvantagens que podemos dizer que são realmente válidas são o custo, a instalação e uma administração um pouco mais difícil, se comparado a uma rede AD HOC, claro.

Vamos começar falando do custo. Como esse tipo de rede exige alguns equipamentos específicos (como APs e/ou roteadores), o valor gasto na montagem fica mais alto. Além disso, é necessário contratar a mão-de-obra qualificada, caso a rede não for montada por você. Tudo isso gera um orçamento maior.

A administração também exige um pouco mais de conhecimento. Aliás, redes AD HOC não exigem administração. Isso nem se aplica a elas. O mesmo não ocorre com redes infraestruturadas. Para se configurar o AP, por exemplo, exige-se conhecimento a respeito dos vários parâmetros envolvidos. É necessário conhecer a utilidade de cada configuração realizada e seus efeitos.

Mas as redes infra-estruturadas são as ideais para empresas de qualquer porte, devido às vantagens já mencionadas.

## Onde instalar o Access Point

A primeira providência a tomar é quanto ao local de instalação do AP. O local onde será colocado depende muito da rede, do seu tamanho, da função do AP etc. Ele pode ser colocado sobre uma mesa ou armário, caso os nós envolvidos fiquem em uma ou duas salas (uma pequena escola de informática ou um escritório, por exemplo.).

Mas, se o objetivo é interligar dois segmentos de rede (nesse caso o AP é configurado para trabalhar no modo de operação *Bridge*), ele pode ser colocado dentro de uma *caixa de proteção* que fica na base (no tubo de aço ou torre) da antena. E a antena, por sua vez, é colocada em um local de tal forma que as duas antenas (parabólicas) se "enxerguem". Por exemplo, suponhamos a interligação de duas redes que ficam em dois prédios localizados um em frente ao outro. Nesse caso, as antenas podem ser colocadas na cobertura do prédio, na parte mais alta, uma apontando para a outra.

Os textos que seguem têm como base a montagem de uma WLAN, ou seja, uma pequena rede local sem fio. Desse modo, o AP pode ser colocado em um local onde ele fica protegido (onde não corra o risco de ninguém esbarrar nele ou até mesmo jogá-lo no chão), mas não escondido. Se, ao montar a rede, perceber que alguns nós (que estão mais longe do AP) estão captando um sinal fraco, então, o AP deve ser reposicionado, colocando-o em um local onde todos os nós fiquem com um bom sinal.

Alguns APs podem ser configurados para trabalhar como *repetidor*. Um repetidor é usado quando se deseja enviar o sinal de rádio para mais longe, aumentando a área de abrangência da rede. O que ele faz é "escutar" o sinal e repeti-lo, fazendo que ele consiga alcançar uma distância maior. Para você entender melhor, vamos a um exemplo: suponhamos que você contratou o serviço de Internet via rádio de sua cidade. Mas, quando a empresa foi até a sua casa para instalá-la, descobriu que o sinal captado está muito fraco, porque a sua casa fica muito longe da antena deles, que possui o ponto de acesso da empresa). Para resolver o problema, a empresa pode instalar em alguma região próxima à sua residência (onde seja possível captar o sinal da antena da empresa) um repetidor, que irá "escutar" o sinal e repeti-lo em seu bairro. A partir daí o sinal de rádio em sua residência será captado com muito mais força e você (e todo o seu bairro) poderá usar a Internet.

Alguns APs podem ser afixados, através de parafusos, a uma parede. Mas, antes de furar a parede, configure a rede. Observe se todos os nós estão captando um bom sinal de rádio. Somente depois o fixe na parede.

Se você utiliza um roteador para conexão com a Internet via banda larga (chamado pelas operadoras de "modem"), então deve considerar a sua ligação ao AP, compartilhando a Internet com todos os microcomputadores/notebooks envolvidos. Ele possui um cabo do tipo *par trançado* que não passa, geralmente, de dois metros.

E não se esqueça de que ambos, AP e roteador, devem ser alimentados eletricamente. Dessa forma, deve haver por perto duas tomadas (se for usar os dois dispositivos) ou uma extensão com as tomadas necessárias.

## Preparativos para a montagem da rede

Nesse momento, todos os microcomputadores ou notebooks que forem usar a rede devem conter uma placa de rede wireless perfeitamente instalada e configurada. Para saber como fazer isso, leia o **Capítulo 01 – Introdução** deste livro.

O AP deve estar previamente instalado em um local escolhido. Além disso, o método adotado neste livro necessita que você ligue-o a um microcomputador ou notebook usando um cabo de rede tipo par trançado, para que sejam feitas as primeiras configurações. O cabo de rede pode ser desconectado assim que a rede for configurada.

Para configurar a rede, apenas um microcomputador já é suficiente. Uma vez pronta, basta que os *clientes* sejam conectados a ela.

O cabo de rede que acompanha o AP deve estar ligado à placa de rede cabeada do computador (e esta, por sua vez, deve estar perfeitamente instalada) que você usará para configurá-lo e a outra ponta deve estar ligada à porta *LAN* do AP. Deixe a placa de rede (cabeada) configurada para obter IP automaticamente. Para isso, faça o seguinte:

## No Windows XP

**1.** Clique no menu **Iniciar > Conectar-se > Mostrar todas as conexões** (ou **Iniciar > Painel de Controle . Conexões de rede e de Internet > Conexões de rede**).

**2.** Clique com o botão direito sobre **Conexão local** e clique em **Propriedades**.

**3.** Na janela que se abre, na aba **Geral**, clique uma vez sobre **Protocolo TCP/IP** e clique no botão **Propriedades**.

**4.** Na janela *Propriedades de Protocolo TCP/IP* deixe marcado as opções **Obter um endereço IP automaticamente** e **Obter o endereço dos servidores DNS automaticamente** (**Figura 3.1**). Clique no botão **OK**. Clique em **OK** novamente para fechar a janela.

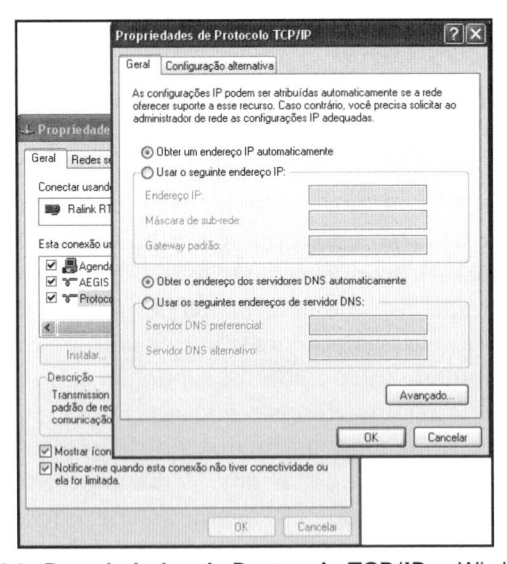

Figura 3.1.: **Propriedades de Protocolo TCP/IP** no Windows XP.

## No Windows Vista

**1.** Clique no menu **Iniciar > Rede**. Na janela que se abre, clique em **Central de Rede e compartilhamento**. Na janela **Centro de Rede**

e compartilhamento, clique, à esquerda, no link **Gerenciar conexões de rede**.

**2.** Clique com o botão direito sobre **Conexão local** e clique em **Propriedades**. Clique em **Continuar** para confirmar.

**3.** Na janela que se abre, na lista **Essa conexão usa estes itens**, clique uma vez em **Protocolo TCP/IP Versão 4 (TCP/Ipv4)**.

**4.** Tal como foi demonstrado no Windows XP, na janela **Propriedades de Protocolo TCP/IP** deixe marcadas as opções **Obter um endereço IP automaticamente** e **Obter o endereço dos servidores DNS automaticamente** (**Figura 3.2**). Clique no botão **OK**. Clique em **OK** novamente para fechar a janela.

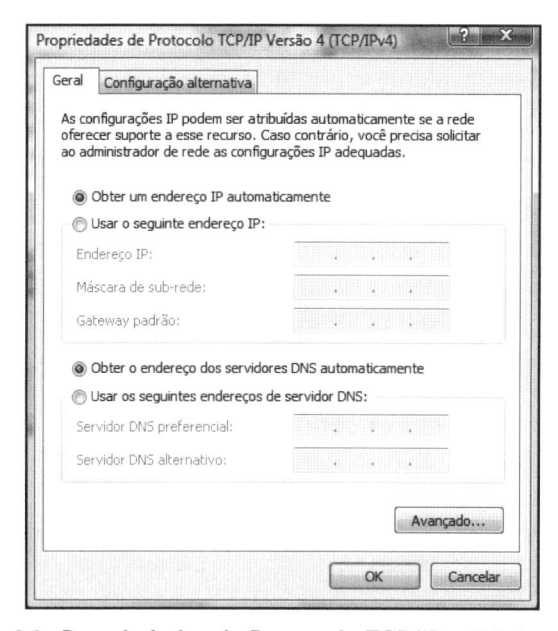

Figura 3.2.: **Propriedades de Protocolo TCP/IP** no Windows Vista.

## Ativação de conexão

Além disso, a conexão de rede local deve estar ativada. Para isso, faça o demonstrado a seguir.

Instalação de uma rede Infraestruturada

## No Windows XP

**1.** Clique no menu **Iniciar > Conectar-se > Mostrar todas as conexões**.

**2.** Se a conexão local estiver desconectada, o ícone da rede será marcado com a palavra **Desativada**. Além disso, o ícone estará em uma cor mais clara, apagada (em um tom de cinza). Caso já esteja ativa, estará em uma cor mais viva (em um tom de azul). Para ativar a conexão, basta clicar com o botão direito do mouse sobre ela e clicar em **Ativar**.

## No Windows Vista

**1.** Clique no menu **Iniciar > Rede**.

**2.** Na sequência, clique no botão **Central de rede e compartilhamento**. À esquerda dessa janela, clique no link **Gerenciar Conexões de rede**.

**3.** O mesmo que foi dito para o Windows XP vale para o Windows Vista, ou seja, se a conexão local estiver desconectada, verá a descrição **Desativada** no ícone da rede local (além de sua cor estar opaca), caso contrário, sua cor será azulada. Para ativá-la, clique com o botão direito do mouse sobre ela e clique em **Ativar**.

Na sequência falaremos sobre o cabo do tipo *par trançado*, caso você não tenha um.

## Cabo de rede tipo par trançado

Ao comprar o AP poderá vir junto, na embalagem, um cabo de rede do tipo *par trançado* com conectores RJ-45, com aproximadamente dois metros de comprimento. Esse cabo é utilizado para ligar o AP a um switch ou hub, ou ainda para ligá-lo diretamente a um microcomputador (através de sua placa de rede). Esse é um cabo comum, usado em uma rede cabeada com switch ou hub.

Se o seu AP não possuir esse cabo, ou você o tenha perdido, será necessário montar um. Para isso, o seguinte material será necessário:
- **Aproximadamente dois metros de cabo UTP CAT.5e:** esse é o padrão utilizado atualmente em redes cabeadas (**Figura 3.3**). A metragem pode ser maior se o AP estiver longe do micro onde você irá conectá-lo. O comprimento máximo recomendado é de 100 metros.

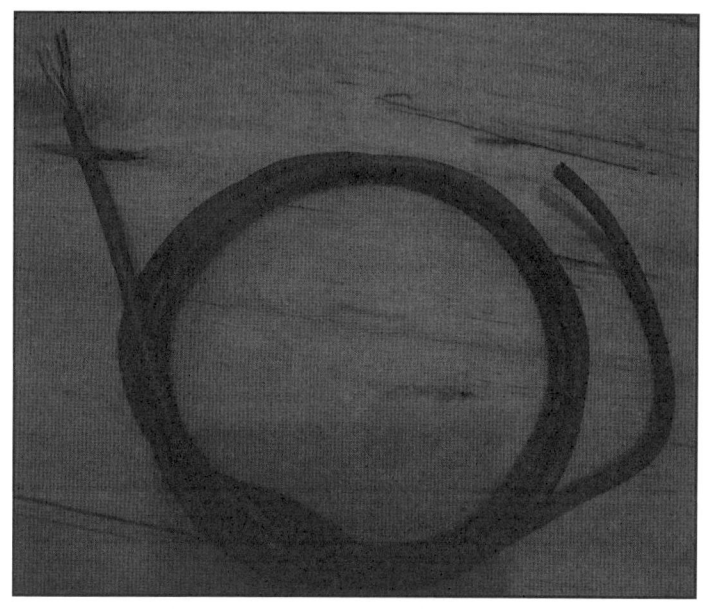

Figura 3.3.: Cabo UTP CAT.5e na metragem necessária.

- **Dois conectores RJ-45 (Figura 3.4)**: um para cada ponta do cabo. Se preferir, pode adquirir algumas unidades mais, pois, caso monte errado em na primeira tentativa, terá alguns de reserva para substituir.

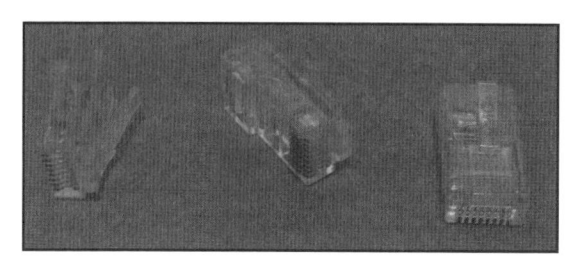

Figura 3.4.: Conectores RJ-45.

- **Um alicate crimpador de conectores RJ-45:** muita atenção nesse item pois, assim como existem conectores diferentes, existem alicates diferentes. Por exemplo, existe o conector RJ-11, usado em telefonia. O tipo usado em redes de computadores, é o RJ-45 (**Figura 3.5**).

**Figura 3.5.:** Alicate crimpador.

- **Um testador de cabos para conectores RJ-45:** tal como ocorre com o alicate crimpador, existem testadores para todo tipo de conector. Adquira um para redes de computadores. Um testador típico contém oito LEDs, um para cada fio do cabo (**Figura 3.6**).

**Figura 3.6.:** Testador de cabos.

Para montar o cabo, basta ordenar os fios corretamente, esticá-los e apará-los, inseri-los no conector e crimpar. Os fios devem seguir uma ordem predefinida. Existe a norma EIA/TIA 568A, que define a seguinte ordem para os fios, da esquerda para a direita:

1) branco-verde;
2) verde;
3) branco-laranja;
4) azul;
5) branco-azul;
6) laranja;
7) branco-marrom;
8) marrom.

Quando falamos fio "branco-verde", por exemplo, estamos nos referenciando ao fio branco com listras verdes ou ao fio verde claro. O mesmo ocorre com todos os outros. Por exemplo: um fio branco-marrom pode ser um fio branco com listras marrom ou um marrom claro.

Retire cerca de 1,5 a 2 centímetros de capa plástica de proteção do cabo (**Figura 3.7**), mas não é necessário medir com uma régua para retirar a quantidade exata. Faça isso com a parte de corte do alicate, aquela que possui duas lâminas. Não ponha muita força para não correr o risco de "ferir" nenhum dos fios.

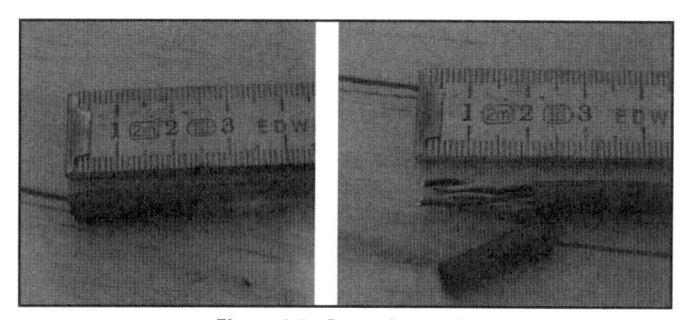

Figura 3.7.: Ponta decapada.

Ao ordenar os fios, use uma chave de fenda para deixá-los bem esticados. Isso é importante, pois facilitará uma montagem correta. Perceba que, ao esticá-los, as pontas ficam desiguais. Use a parte de corte do alicate (aquela que possui apenas uma lâmina) para apará-los, deixando-os iguais (**Figura 3.8**).

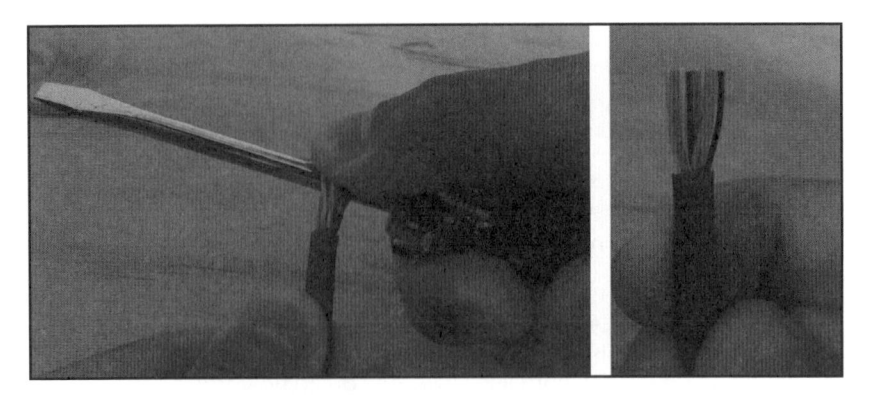

**Figura 3.8.:** Deixe os fios bem esticados e aparados.

Introduza os fios no conector com os contatos metálicos voltados para cima e finalize a montagem crimpando o conector. Para tanto, introduza-o na parte de crimpar do alicate e aperte os cabos com força (**Figura 3.9**).

**Figura 3.9.:** Crimpagem.

Faça o mesmo procedimento com a segunda ponta do cabo. Ao final, basta testá-lo. O testador de cabos possui dois módulos, cada um deve ser conectado a uma ponta do cabo a ser testado. Para o testador típico de oito LEDs, a ordem com que eles irão acender deve ser 1, 2, 3, 4, 5, 6, 7 e 8. Isso deve ocorrer nos dois módulos, o que indica que o cabo está montado corretamente.

Veja bem: o módulo de comando do testador é aquele que possui a chave de ligar e desligar (o que possui a bateria). Ele irá sempre acender na ordem 1, 2, 3, 4, 5, 6, 7 e 8 (**Figura 3.10**). O segundo módulo apenas recebe o sinal do primeiro, e, se a ordem estiver errada, os LEDs acenderão em uma ordem truncada. Caso isso ocorra, será necessário montar o cabo novamente.

Figura 3.10.: Teste do cabo.

## Devo resetar o AP?

Quando resetar o AP? Ao fazer isso, todas as configurações que estavam gravadas se perdem (**Figura 3.11**). Por isso, é preciso pensar bem antes de tomar essa decisão. Se nele existirem ajustes que foram feitos e que você não sabe como fazer, o ideal é não resetá-lo.

Mas, antes de qualquer coisa, se pergunte: por que resetá-lo? Você perdeu a senha de acesso ao *Web-Setup*? Talvez esse seja o motivo mais comum. Se foi configurada uma senha e você a perdeu, não conseguindo mais acessá-lo, e não há ninguém que possa saber a senha que foi configurada, então não há outra saída.

Fora isso, uma vez tendo acesso ao *Web-Setup*, você pode ajustar, configurar, re-configurar etc. E, portanto, não há motivo para resetar suas configurações.

**Figura 3.11.:** Use um palito de fósforos (ou algum objeto pontiagudo e fino) para resetar o AP. Mantenha o botão pressionado durante cerca de 10 segundos.

## Como acessar o Web-Setup

Toda a configuração do AP se dá através de um *setup* que é acessado por meio de qualquer browser. Por isso, no meio técnico, esse setup é chamado de *Web-Setup*.

Cada AP possui um número IP, é através dele que acessamos o *Web-Setup*. Consulte o manual do seu AP para saber o IP usado. Mas, caso não descubra o IP, demonstraremos como encontra-lo facilmente. Nós já sabemos com antecedência que o IP do nosso AP Zinwell G220 é *192.168.2.254*. Vejamos agora como obter essa informação utilizando os sistemas operacionais Windows XP e Vista.

### Pelo Windows XP:

**1.** Clique no menu **Iniciar > Conectar-se > Mostra todas as conexões**. Na janela **Conexões de rede**, observe se a rede local está *Ativada* (como foi demonstrado anteriormente).

**2.** Estando ativada, clique com o botão direito do mouse sobre o ícone da rede local e clique em **Status**.

**3.** Na janela **Status de conexão local**, clique na aba **Suporte**. O IP do AP estará descrito em **Gateway padrão** (**Figura 3.12**).

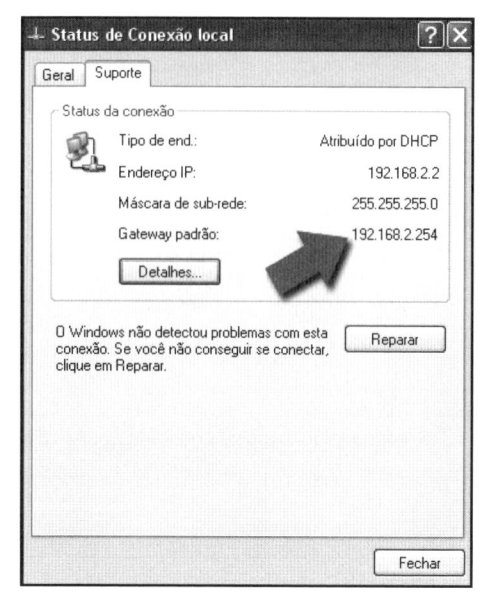

Figura 3.12.: IP do AP no Windows XP.

## No Windows Vista:

**1.** Clique no menu **Iniciar > Rede**. Na janela que se abre, clique no botão **Central de rede e compartilhamento**.

**2.** Clique, à esquerda, em **Gerenciar conexões de rede**. Tal como se deve fazer no XP, verifique se a Conexão local está **Ativa**. Caso afirmativo, clique com o botão direito do mouse sobre ela e clique em **Status**.

**3.** Clique em **Detalhes**. Observe na **Figura 3.13** que a janela que se abre é diferente da janela do Windows XP, mas, a informação de IP do AP estará lá. Procure pelo item **Ipv4 Gateway padrão**. Ele é o IP do AP.

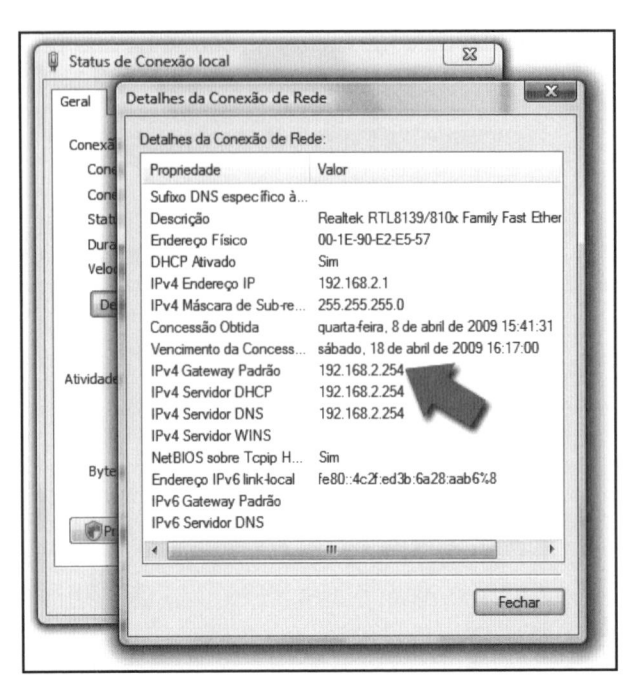

**Figura 3.13.:** IP do AP no Windows Vista.

> **Atenção:** Se a opção **Status** não estiver disponível, verifique o cabo de rede usado. Teste-o para verificar se há algum problema. Se estiver tudo certo, mas, mesmo assim não conseguir acessar o **Status**, use um cabo menor, com dois metros no máximo. Geralmente, quando ocorre esse problema, também não é possível acessar o *Web-Setup*.

Tendo as informações do IP do AP, o acesso pode ser feito em qualquer browser, como o Internet Explorer, Mozilla etc. Basta digitá-lo no campo endereço (onde você digita a URL para acessar um site qualquer) e pressionar a tecla **Enter** (**Figura 3.14**). No nosso exemplo, digitamos desta forma:

*http://192.168.2.254*

Não é necessário digitar *http://*, uma vez que os browsers atuais já inserem essa informação automaticamente quando ela não é digitada pelo usuário.

Pode acontecer de serem solicitados um *nome de usuário* e uma *senha*. Verifique no manual essas informações. Em APs novos (que ainda não foram configurados), pode ocorrer de o nome de usuário ser *Admin* e a senha ser *Admin* (também), ou pode ser que essas informações não sejam solicitadas.

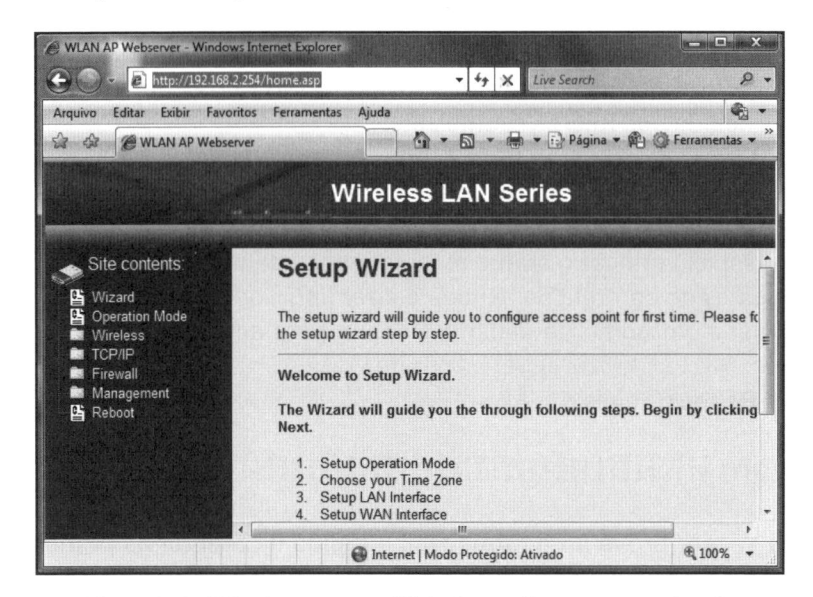

**Figura 3.14.:** Primeiro acesso ao *Web-Setup*. No nosso exemplo, não é solicitado nome de usuário e senha no primeiro acesso.

## Primeiros ajustes do AP

Ao acessar o *Web-Setup*, observe que ele contém um *menu*, geralmente à esquerda da tela. Esse menu é dividido em *seções* que realizam cada uma um tipo bem específico de configuração. Isso vale para qualquer AP, de qualquer marca ou modelo.

Vale ressaltar que os nomes e quantidades de seções podem variar de acordo com a marca e o modelo, uma vez que não existe uma norma que regulamente isso. O menu do AP Zinwell Zplus G220 possui as seguintes seções:

- **Wizard:** é um item padrão em qualquer AP, ou seja, sempre que um AP tiver essa opção, saiba que se trata de um assistente de configuração, que o guiará entre os passos necessários para que o AP possa ser configurado.

- **Wireless**: aqui podemos configurar diversos parâmetros da rede sem fio, tais como criptografia, autenticação, controlar o acesso dos usuários etc.
- **Operation Mode**: configura o modo de operação do AP, como *router*, *bridge* e *Wireless ISP*.
- **TCP/IP**: faz o que o nome sugere, ou seja, nessa seção podemos configurar o IP do AP, a sub-máscara, o *Gateway* padrão, se o AP irá ser um servidor DHCP e qual a faixa de endereço IP será fornecida aos micros clientes etc.
- **Firewall**: no geral, todo AP possui um *firewall*, e nessa seção podemos configurar vários aspectos de seu funcionamento.
- **Management**: esta é a seção de gerenciamento da rede. É possível verificar o status atual (diversas configurações), realizar ajustes de controle de banda, realizar upgrade do firmware do AP, inserir um nome de usuário e senha para acessar o *Web-Setup* etc.
- **Reboot**: reinicia o AP.

## Wizard

O *Wizard* provê uma forma fácil e rápida de realizar as primeiras configurações no *setup*. Você vai apenas escolhendo o que deseja e clicando em **Avançar** (ou **Próximo**, **Next** etc). Neste capítulo veremos exatamente como é o seu funcionamento.

Lembremos que, ao configurar o *Access Point* somente pelo *Wizard*, já é possível deixar a rede em pleno funcionamento, com a possibilidade dos micros clientes ingressarem nela, compartilharem arquivos etc.

Vejamos, então, como configurar (AP base desse tutorial: Zinwell Zplus G220):

**1.** Clique em **Wizard**.

**2.** Irá abrir a página **Setup Wizard** (**Figura 3.15**). Nessa primeira página há instruções do que será feito. De acordo com as instruções da tela, percebemos que os passos seguintes (que iremos configurar) são: **Setup Operation Mode, Choose your Time Zone, Setup LAN Interface, Setup WAN Interface, Wireless LAN Setting** e **Wireless Security Setting**. Clique em **Next>>** para prosseguir.

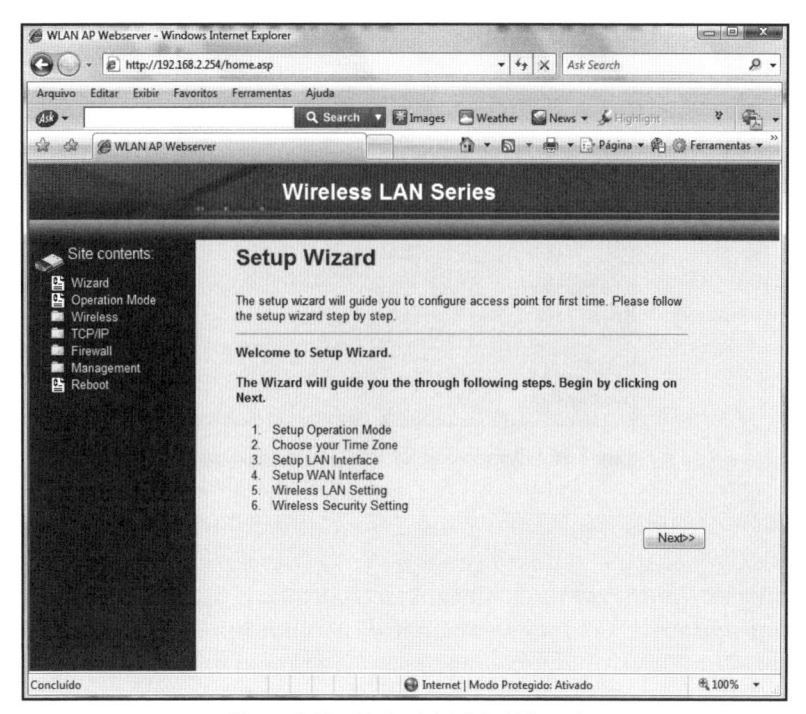

Figura 3.15.: Página inicial do *Wizard*.

**3.** Ao clicar em **Next>>** chegamos à página **Operation Mode** (Figura 3.16). Mais adiante, neste livro, há um estudo aprofundado dos modos de operação de um AP. Por enquanto, saiba que no modo *router* (roteador) o AP é usado para se conectar à Internet via ADSL / *Cable Modem* e a distribui na(s) sua(s) porta(s) LAN e na rede sem fio. O AP deve suportar esse modo, ou seja, ele deve ter embutida a função de roteador; no modo *bridge*, basicamente ele atuará interligando duas redes. É muito usado para interligar os micros em rede e compartilhar a Internet recebida através de um roteador (perceba que é diferente do modo anterior, pois, nesse caso um roteador será ligado no AP através da porta WLAN, e, no modo anterior o AP já é um próprio roteador); no modo *Wireless ISP* (Internet Service Provider), que pode ser chamado também por *WISP*, ele recebe a Internet através do sinal *wireless* e a distribui na(s) sua(s) porta(s) LAN. É um modo que pode ser usado, por exemplo, em empresas que oferecem Internet sem fio (*wireless*). No nosso exemplo, selecionamos o modo *bridge*. Clique em **Next>>** para continuar.

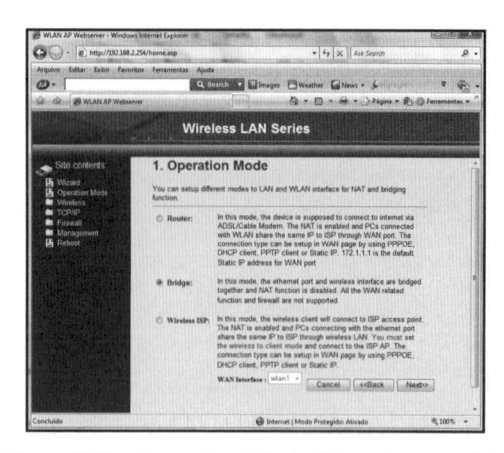

Figura 3.16.: *Operation Mode* (Modo de operação).

**4.** A próxima página é a *Time Zone Setting* (Fuso horário), onde é possível acertar data e hora através de um servidor público NTP (*Network Time Protocol*). Para isso, marque a opção **Enable NTP client update**. É preciso selecionar o fuso horário correto e um servidor. Como exemplo, no Brasil selecionamos o fuso horário **(GMT-03:00)Brasília** (**Figura 3.17**). Para funcionar, o AP deve conseguir se conectar à Internet de forma direta (quando o AP é um roteador) ou através de um roteador ligado à sua porta WLAN, por exemplo. Clique em **Next>>** para continuar.

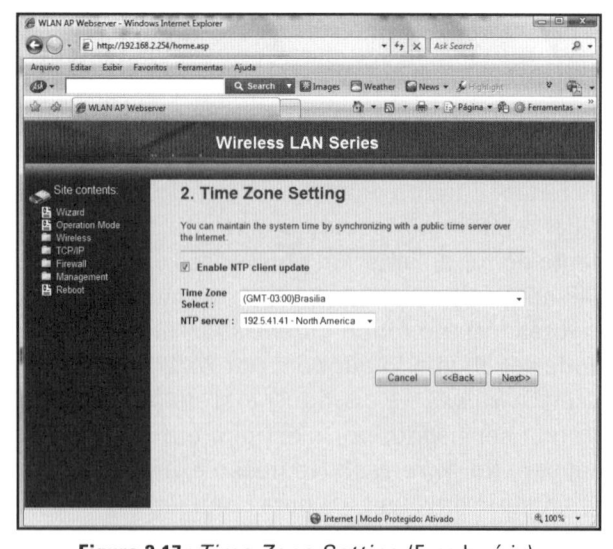

Figura 3.17.: *Time Zone Setting* (Fuso horário).

**5.** Na sequência, chegamos à página **LAN Interface Setup** (configura parâmetros da rede local). Nesse momento, podemos configurar o IP do *Access Point* e a sub-máscara usada (**Figura 3.18**). Não é necessário mudar esse item, pois o IP sugerido pelo fabricante já está na faixa de IPs para que a rede funcione normalmente. Clique em **Next>>** para prosseguir.

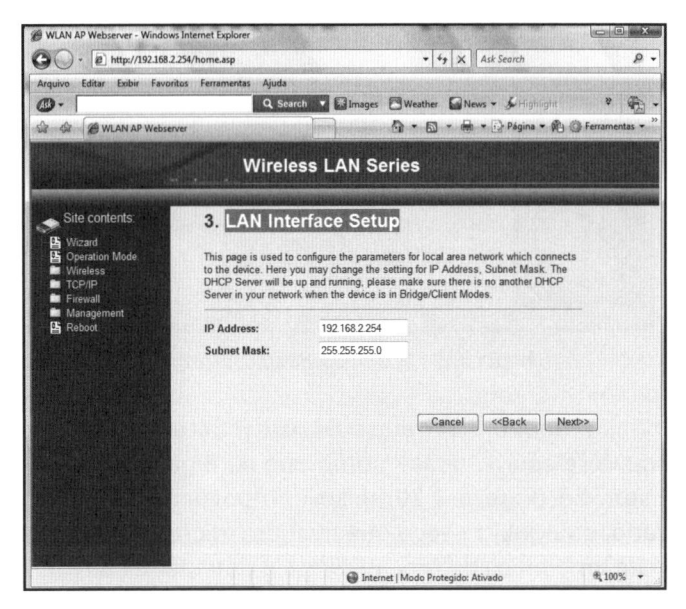

Figura 3.18.: *LAN Interface Setup.*

**6.** Na sequência vem a penúltima página (**Figura 3.19**), que é a **Wireless Basic Settings** (definições básicas da rede sem fio). Não vamos nos aprofundar muito nesses parâmetros por enquanto, pois no decorrer do livro voltaremos a esse assunto. Mas, por hora, em **Band** configure **2.4GHz (B+G)**; em **Mode** configure **AP** (dessa forma ele será um transmissor e receptor) ou **client** (caso ele for apenas um receptor. Exemplo: se você tiver configurado-o para o modo Wireless ISP); em **SSID** coloque um nome que identificará a rede (é o nome da rede); em **Channel Number** escolha um canal ou deixe em **Auto** (basicamente, em uma rede não pode existir dois AP usando o mesmo canal). Clique em **Next>>**para ir à última página.

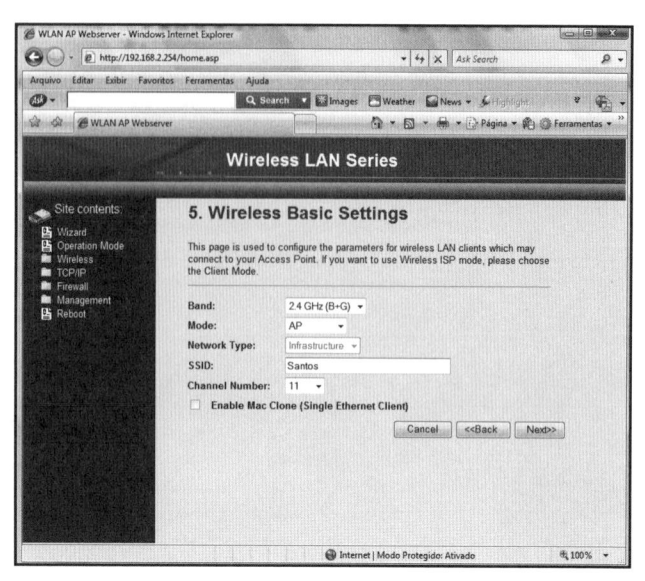

**Figura 3.19.**: *Wireless Basic Settings*.

**7.** A página final é a **Wireless Security Setup** (Configuração de Segurança Wireless). É nesse ponto que configuramos a segurança da rede sem fio (**Figura 3.20**). Isso é importante, pois, se não for configurado, qualquer pessoa que tiver um microcomputador ou notebook com uma placa de rede *wireless* e detectar a sua rede poderá se conectar nela. Para ativar a segurança, em **Encryption** (criptografia) selecione o padrão de encriptação. Este assunto também é abordado mais detalhadamente adiante neste livro, por isso não iremos falar de cada um deles aqui para não tornar a leitura muito repetitiva. Por enquanto, selecione **WEP**. Em **Encryption** selecione **64-bit**. Em **Key Format** selecione **ASCII** ou **hexadecimal**. Em **Default Tx Key** deixe selecionado **Key 1**. E por fim, em **Encryption Key 1** digite uma chave da rede. Por regra (e respeitando o que foi selecionado em **Key Format**), digite 5 caracteres *ASCII* ou 10 *hexadecimais*. Clique em **Finished** para finalizar.

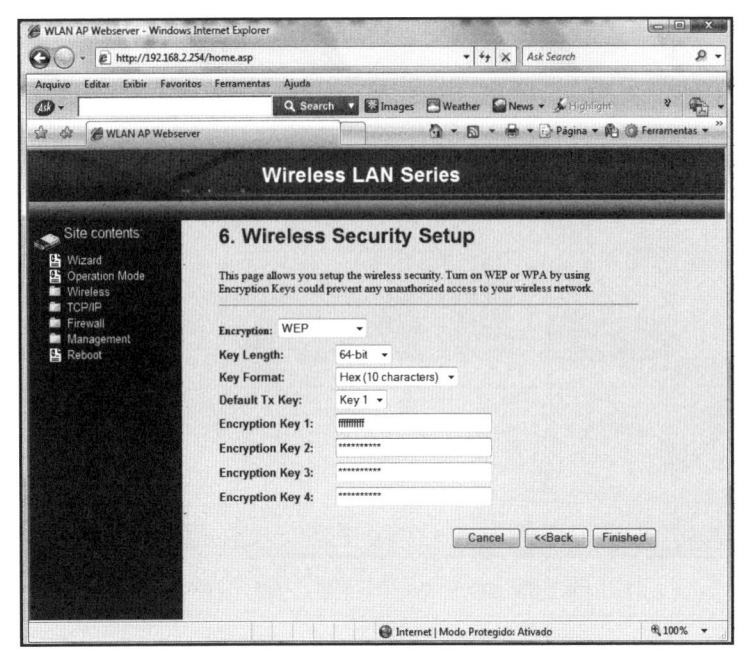

**Figura 3.20.**: *Wireless Security Setup.*

Com esses ajustes que foram realizados, a rede já está funcionando. Os micros clientes já podem ingressar nela, compartilhar arquivos, dispositivos e programas.

Ao ingressar um micro cliente, será solicitada a chave da rede (**Figuras 3.21** e **3.22**), que foi a criada no último passo (em *Wireless Security Setup*). Caso não tenha sido configurada essa parte, então nenhuma chave será solicitada e o acesso será livre.

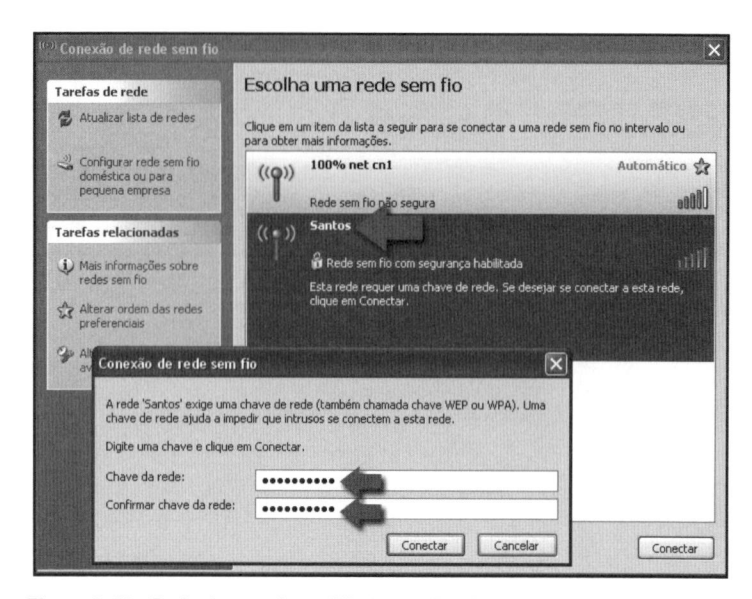

**Figura 3.21.:** Rede detectada no Windows XP – Solicitação de chave da rede.

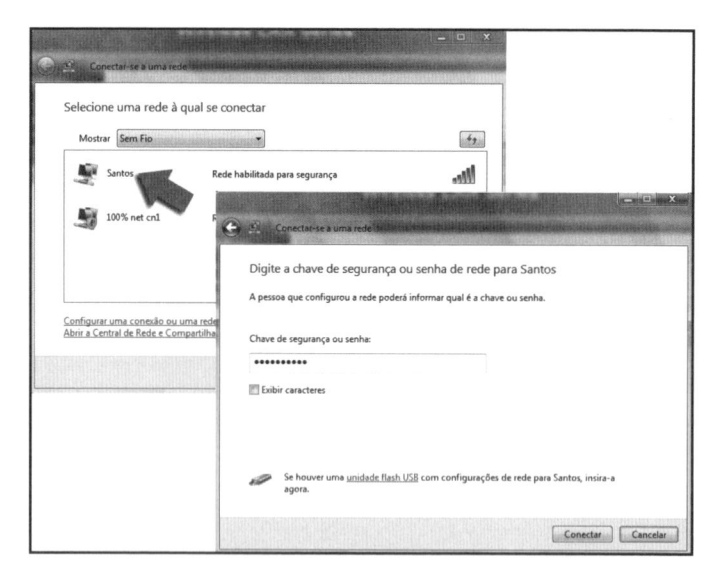

**Figura 3.22.:** Rede detectada no Windows Vista – Solicitação
de chave segurança ou senha.

# Capítulo 4

## Modos de operação do Access Point

## Modos de operação do Access Point

**Objetivo:**
- Compreender os modos de funcionamento de um AP.

Um *Access Point* pode operar de diferentes modos. Ao configurá-lo, é necessário conhecer bem a utilidade de cada modo, para que a rede possa funcionar corretamente. Se você configurar um modo errado para o seu tipo de rede, ela pode simplesmente não funcionar.

Com este capítulo pretendemos apresentar os vários modos possíveis. Não necessariamente um determinado modelo de AP suportará todos os modos. Depende da marca, modelo, da versão do firmware instalado e, principalmente, a que se destina o AP. Mas, estudando todos esses modos de funcionamento, ficará fácil configurar qualquer AP, independente da marca e modelo. É interessante se fazer constar que, ao configurar o AP, na seção sobre os modos de funcionamento, esses modos podem não estar todos listados, mas mesmo assim o AP pode suportar todos eles. É comum, por exemplo, escolher um determinado modo de operação e configurá-lo de diferentes formas. Por exemplo: o modo bridge que pode ser configurado para trabalhar no modo AP (passando a trabalhar, basicamente, no modo raiz), *Client* (em que ele se tornará apenas cliente de um AP principal, o que nos remete aos modos Bridge ponto a multiponto e Wireless ISP), entre outros tipos de configurações que são abordadas ao longo deste livro.

Por isso, o mais importante, neste capítulo, é entender o significado principal e para que serve cada modo listado a seguir. Não se preocupe, por enquanto, se você irá ou não encontrar essa nomenclatura no seu AP. Não fique intrigado se eu AP possui no *Web-Setup* apenas os modos Router, Bridge e Wireless ISP (e não tem nenhum modo Raiz), pois isso é normal e seu AP não está com defeito. Você vai conseguir faze-lo trabalhar no modo Raiz, veremos como, nos capítulos que se seguem.

## Modos estudados

Os modos de operação estudados neste capítulo são:
- Raiz.
- Bridge ponto a ponto.

- Bridge ponto a multiponto.
- Router/Gateway.
- Wireless ISP.
- Repetidor.

É interessante adiantar que, dependendo do modo, configurações diferentes devem ser realizadas no *Web-Setup*. Até a antena utilizada pode ser diferente, ao configurar um ou outro modo. Esses detalhes são abordados ao longo do livro.

## Modo Raiz

Podemos dizer que esse é o modo "natural" de qualquer AP, pois é nesse modo que ele permite que uma WLAN funcione normalmente. Os computadores podem compartilhar arquivos, dispositivos, programas e Internet entre si. Ou seja, ele atua tal como o switch ou hub, interligando todos os nós envolvidos na rede (**Figura 4.1**).

A antena comumente utilizada nesse modo é a *onidirecional*, que envia sinais em todas as direções.

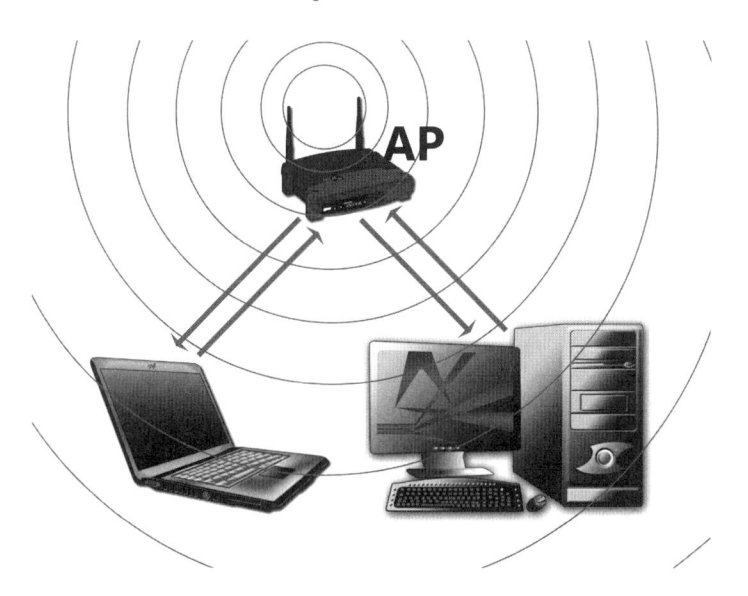

**Figura 4.1.:** Exemplo clássico de uma rede em modo raiz.

Geralmente, ao configurar um AP na seção **Modo de Operação**, não há o uso dessa nomenclatura (Modo Raiz). O comum de se usar é modo Bridge, como ocorre com o modelo que usamos como base para este livro. E o modo bridge pode ser configurado como AP (nesse caso será um perfeito modo Raiz), cliente etc.

## Modo Bridge ponto a ponto |||||||||||||||||||||||||||||

A definição básica de *bridge* é um dispositivo que permite interligar dois trechos de uma rede ou duas redes que estejam em locais diferentes. Além disso, ele controla o tráfego de dados entre um trecho e outro. O AP também pode assumir essa função.

Para ficar fácil entender, suponhamos duas redes: uma rede *LAN1* e outra *LAN2*, ambas em prédios diferentes, mas em uma mesma quadra. O modo bridge ponto a ponto pode ser utilizado para interligar essas duas redes (**Figura 4.2**).

O tipo de antena geralmente utilizado para esse fim é a direcional. Essa antena deve ser apontada diretamente para o "alvo" (a antena da segunda rede à qual ela deve se conectar), pois ela envia o sinal apenas em uma direção. Árvores, prédios, montanhas, entre outros obstáculos, podem enfraquecer o sinal ou até mesmo impedir a comunicação.

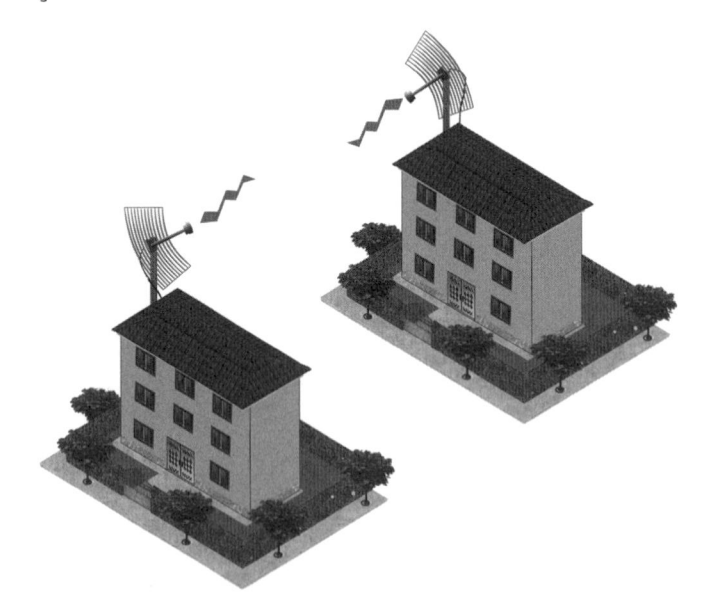

**Figura 4.2.**: Exemplo da utilização do modo bridge ponto a ponto. Observe que aqui temos a representação de dois imóveis, onde cada um possui uma rede (LAN ou WLAN), que são interligadas graças às antenas wireless.

## Bridge ponto a multiponto

É bem parecido com o modo ponto a ponto, com a diferença de existir um AP central, que utiliza uma antena onidirecional e que permite a conexão de vários clientes (seja um micro ou uma rede). O modo que veremos a seguir, *Modo Wireless ISP*, é um modo bridge ponto a multiponto.

Um exemplo comum desse tipo de configuração são os conhecidos serviços de Internet via rádio. O AP da casa do cliente é configurado para se conectar à rede do provedor, tendo assim acesso à Internet. A antena do cliente é *direcional*, sendo apontada diretamente para a antena do provedor de acesso à Internet, que é *onidirecional*. Um perfeito exemplo de modo bridge ponto a multiponto é mostrado na **Figura 4.3**.

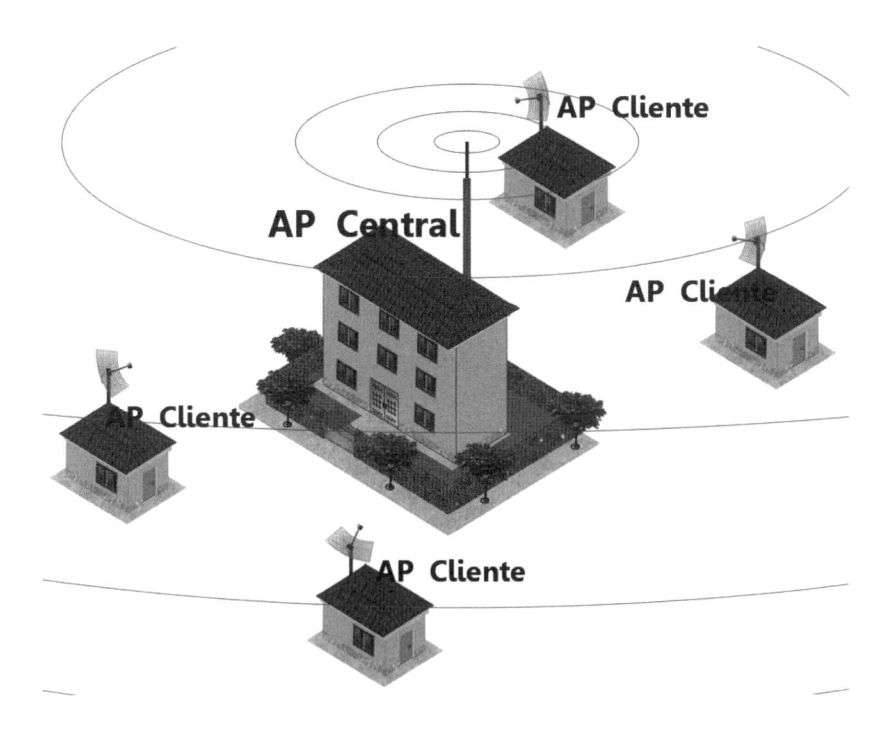

**Figura 4.3.:** Nesse exemplo, todos os clientes se conectam a um mesmo AP central. Esse esquema é muito utilizado por provedores de Internet via rádio. Nesse caso, não necessariamente o cliente necessita de um AP (muitas vezes a antena direcional é conectada diretamente à placa *wireless* através de um cabo coaxial), muito embora o uso do AP ajude a manter o sinal mais estável.

Modos de operação do Access Point

Perceba que nesse caso os clientes não conseguem se comunicar diretamente entre si. Mesmo que um cliente compartilhe uma pasta, os outros não terão acesso a ela, mas todos estão ligados à mesma rede e tendo acesso à Internet.

## Modo Router/Gateway

Ambos dizem respeito ao mesmo tipo de configuração. Apenas o nome no *Web-Setup* é que muda (Router ou Gateway). O mais comum é o uso da nomenclatura Router.

Quando o AP é configurado nesse modo, ele irá receber, diretamente, através de um cabo, a internet ADSL, só para citar como exemplo, e irá distribuí-la por toda a rede, seja através de ondas de rádio (*wireless*) ou através de suas portas LAN (quando existirem).

Por isso que se chama modo router, pois, nesse caso, o AP estará atuando como um roteador (**Figura 4.4**). Alguns fabricantes chamam esse modo de gateway porque esse é o nome que se dá a qualquer dispositivo (incluindo microcomputadores) que compartilha Internet em uma rede.

Perceba, dessa forma, que o AP deve possuir essa função, ou seja, ele deve ter um roteador embutido internamente. Caso contrário, não será capaz de executar essa tarefa.

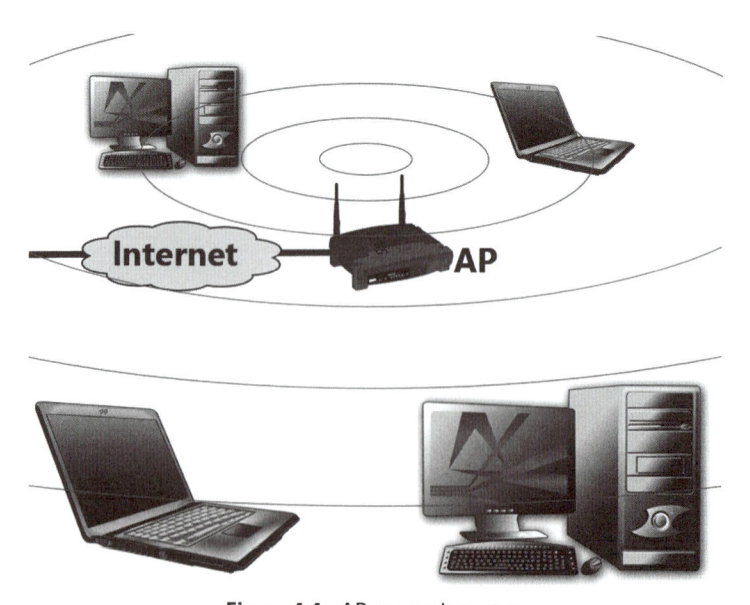

**Figura 4.4.:** AP em modo router.

Uma dúvida comum: se ligarmos um roteador à porta WLAN do AP, ele deve ser configurado no modo Router? Apesar de a resposta parecer ser sim, a resposta correta é não. Nesse caso, o AP deve ser configurado como bridge, pois, apesar de o roteador estar conectado ao AP, ele é um dispositivo à parte. O papel do AP será somente interligar a rede local sem fio (WLAN) à Internet que está sendo provida graças ao roteador. Ele irá interligar duas redes distintas.

## Modo Wireless ISP

ISP significa *Internet Service Provider*. Muitas vezes é chamado por *WISP* (*Wireless ISP*). Quando o *Access Point* possui esse modo, ele é capaz de receber o sinal *wireless* de um provedor de Internet via rádio e distribuí-lo através da(s) sua(s) porta(s) LAN. Nessa configuração, o AP atua apenas como um cliente *wireless* (**Figura 4.5**).

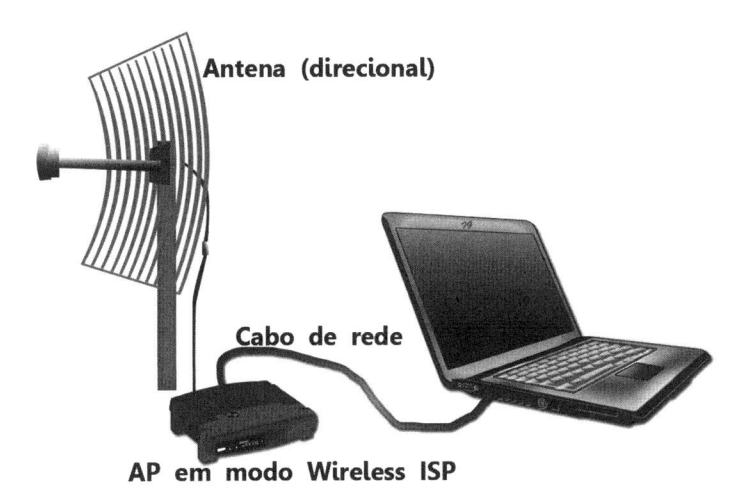

**Figura 4.5.:** Nesse esquema, observe que a antena tem o papel de se comunicar diretamente com a antena do provedor, obtendo, dessa forma, acesso à Internet. Outro detalhe é que no nosso exemplo o cabo de rede está ligado diretamente a um notebook, mas ele pode ser conectado a um hub/switch para que mais nós possam desfrutar da Internet.

Perceba que ele não redistribui essa Internet via ondas de rádio, e sim via porta LAN. O micro (ou os micros/notebooks) que for(em) usar essa Internet devem estar ligados ao AP via cabo de rede do tipo par trançado. Para saber como montar nesse caso, veja o capítulo anterior. Se o AP possuir apenas uma porta LAN e você tiver dois ou mais computadores (incluindo portáteis), basta ligá-la a um hub ou switch. A partir daí, você pode ligar quantos microcomputadores ou notebooks quiser, de acordo com as portas LAN disponíveis no hub ou switch. Vale lembrar que, quanto maior o número de pessoas usando a Internet ao mesmo tempo, mais "pesado" ficará a navegação.

Se você tiver apenas o AP (em modo *Wireless ISP*), não é possível ligar os micros em redes via ondas de rádio. É possível ligar o micro em rede apenas se o AP possuir portas LAN (se ele possuir a função de switch/hub) ou ligando-o em um switch/hub à parte, ou seja, montando uma rede cabeada.

A essa altura, deve surgir uma dúvida em muitos que estão lendo este tópico: será que, nesse modelo de configuração, há um modo de distribuir o acesso à Internet (que é fornecida graças ao *AP Wireless ISP*) através de ondas de rádio? Ou seja, em uma rede local sem fio? Sim. Mas, nesse caso é necessário usar dois APs: um configurado no modo *Wireless ISP* (recebendo a Internet via rádio), que estará ligado a um segundo AP via cabo de rede.

Esse segundo AP é configurado normalmente (como bridge, por exemplo) para distribuir a Internet na rede, através de ondas de rádio, e interligar os nós envolvidos para poderem compartilhar arquivos, programas, impressoras etc, além de terem acesso à Internet.

## Modo Repetidor

O modo Repetidor é usado quando o objetivo é aumentar a área de cobertura de uma rede *wireless*. Como se pode perceber pelo nome, o que ele faz é repetir um dado sinal. Para que isso seja possível, ele precisa "escutar" o sinal de um *Access Point* e em seguida repeti-lo (**Figura 4.6**). Isso deve ser feito dentro do mesmo canal do *Access Point* principal.

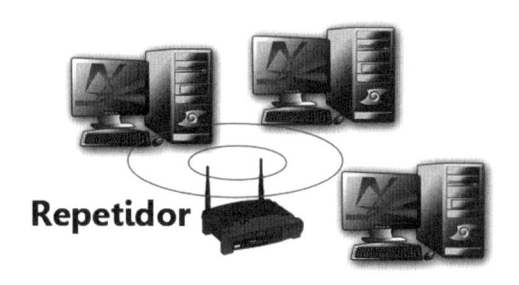

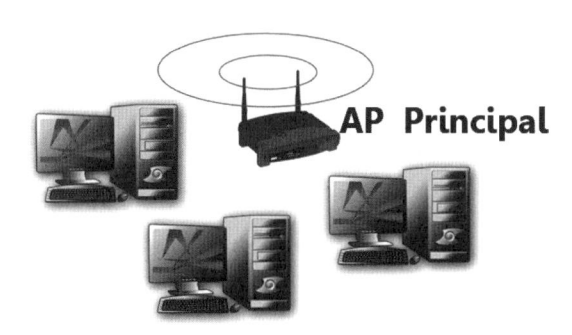

**Figura 4.6.:** Uso de repetidor. Nessa figura temos um AP principal e o Repetidor, que "escuta" o sinal do AP principal e o repete, ampliando a área de cobertura da rede.

O processo todo (escutar e repetir) não é feito instantaneamente. Quando se usa um segundo AP para repetir o sinal de um primeiro, não se perde muito em desempenho da rede, mas se você precisar usar um terceiro para repetir o sinal do segundo, já é possível notar a diferença. E se você colocar um quarto para repetir o sinal do terceiro, a queda de desempenho pode se tornar perceptível.

Suponhamos que um cliente use a rede através do sinal repetido pelo quarto AP. Com certeza, as suas solicitações serão muito mais lentas. Quando ele solicitar algum dado da rede, o tempo a contar do momento da solicitação até a entrega do dado será muito maior em comparação aos computadores que se conectam na rede a partir do primeiro AP.

O motivo da utilização dos repetidores, em um contexto geral, é que todo meio de transmissão contém limitações quanto à distância. Um cabo UTP CAT.5, por exemplo, pode ter algo em torno de 100 metros. Estamos falando de um mesmo lance de cabo. Cabos do padrão 10Base-FP (Fibra óptica) podem ter o comprimento máximo girando em torno dos 500 metros em um único lance.

Com redes *wireless* não é diferente. Uma WLAN, dependendo da configuração de hardware e software, possui uma área de cobertura girando em torno de 90 metros.

Mas, por que existem essas limitações? É porque conforme um sinal "caminha" através de um meio, ele vai se atenuando, perdendo força. E isso vale para qualquer tipo de cabo ou fio, meios de transmissão (no caso das redes *wireless* é o "ar"), tecnologias (redes, televisão ou telefonia) etc.

Por isso, o repetidor é necessário em casos que é necessário enviar um trecho de cabos de rede para mais longe ou ampliar a área de cobertura *wireless*.

## Configurações na prática

No geral, o modo de operação de um *Access Point* pode ser configurado na seção *Operation Mode*. Cada modo de operação exige todo um conjunto de configurações apropriadas. Por exemplo: ao configurar um AP no modo router, você deve realizar configurações relativas à Internet que está ligada na porta WAN, tais como mudar o método de acesso para IP estático, DHCP Cliente, PPPoE ou PPTP etc.

Nas próximas páginas serão abordados vários tipos de configurações que podem ser implementadas de acordo com o modo de operação do AP.

Figura 5.1.: Menu Wireless.

# Basic Settings

Aqui realizamos as configurações básicas da rede sem fio. Em uma rede cabeada, as configurações básicas seriam a preparação do cabo par trançado (sua montagem) e conexão entre as placas de rede e hub/switch. No caso das redes sem fio, configuramos a banda e o canal usados, modo e nome da rede etc.

## Band

Configura a banda de operação do AP e a frequência, ou seja, o padrão de conexão. No geral, você poderá encontrar as bandas A, B e G. O mais comum é a utilização da banda B ou G ou a combinação das duas (B+G).
A configuração da banda irá definir os padrões de equipamentos/dispositivos que podem ser utilizados:
- **2.4GHz (A):** somente equipamentos/dispositivos do padrão IEEE 802.11a. Até 54Mbits/s. Trabalha na frequência de 5GHz.
- **2.4GHz (B):** somente equipamentos/dispositivos do padrão IEEE 802.11b. Até 11Mbits/s. Trabalha na frequência de 2,4GHz.
- **2.4GHz (G):** somente equipamentos/dispositivos do padrão IEEE 802.11g Até 54Mbits/s. Trabalha na frequência de 2,4GHz.
- **2.4GHz (B+G):** permite equipamentos/dispositivos do padrão IEEE 802.11b e IEEE 802.11g simultaneamente. É o modo conhecido como *misto*. Apesar de permitir dispositivos de dois padrões,

quando um dispositivo IEEE 802.11b se comunicar com um IEEE 802.11g, a velocidade máxima será de 11Mbits/s.

A mais popular é a banda G, mas, se houver a opção B+G (uma rede mista), para um melhor desempenho, selecione-a (**Figura 5.2**). No geral, você não irá encontrar disponível a configuração para o padrão IEEE 802.1a, pois ele perdeu terreno para os padrões IEEE 802.1b e IEEE 802.1g .

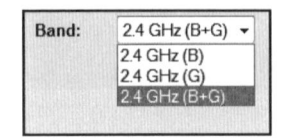

Band: 2.4 GHz (B+G)
2.4 GHz (B)
2.4 GHz (G)
2.4 GHz (B+G)

Figura 5.2.: Band.

## Mode

Configura o modo com que o *Access Point* irá operar (**Figura 5.3**). Independente de você configurar o *Access Point* como router, bridge, ou outro modo, essa configuração, no geral, deve ser feita.

Suponhamos que tenha o configurado como bridge. Então, esses parâmetros servem para especificar como o bridge irá se comportar.

As opções de configurações, normalmente, são:
- **AP**: configura-o como um ponto de acesso. Ele irá interligar todos os nós da rede e intermediar á suas comunicações.
- **Client**: aqui, como o nome sugere, ele será cliente de algum outro AP principal. Essa opção é usada, por exemplo, no modo de operação Wireless ISP, ou seja, quando estiver usando o AP para acessar a Internet via rádio de algum provedor.
- **WDS**: é a sigla para a expressão *Wireless Distribution System* em inglês. Deve ser selecionada quando se for interligar APs para se ampliar a área de cobertura de uma rede, ou seja, quando um AP for configurado como *repetidor*. O AP repetidor deve estar clonando o endereço MAC do principal e ambos devem ser configurados para utilizar o mesmo canal (*Channel Number*). O repetidor deve estar na área de cobertura do principal, e ele irá estender essa área. No geral, esse modo é usado por provedores de acesso à Internet via rádio, e só funciona o acesso ao serviço oferecido que é a Internet. Os micros envolvidos não podem se comunicar entre si.

- **WDS + AP:** esse é o modo WDS combinado com o modo AP. Basicamente é o mesmo modo anterior (WDS) com a diferença de que os clientes podem se comunicar entre si.

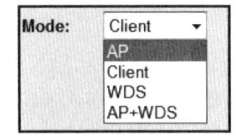

Figura 5.3.: Mode.

## Network Type

Esse item fica disponível para uso somente quando modo *client* (cliente) for usado. Define o *tipo de rede* (**Figura 5.4**). O padrão é *infrastructure* (infraestrutura) é usado, basicamente, quando for interligado ao AP um router ou até mesmo outro AP. O modo AD HOC é utilizado para estabelecer ligação somente entre computadores.

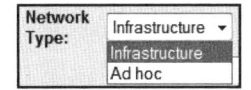

Figura 5.4.: Network Type.

## SSID

SSID são as iniciais das palavras em inglês: *Service Set IDentifier*. Nada mais é do que o nome da rede configurada no *Access Point* em questão, a sua identificação (**Figura 5.5**). Quando um micro detecta uma rede *wireless*, esse é o nome exibido. Por isso, ele é muito importante. Se houver muitas redes sem fio em uma mesma área de cobertura, o nome é a principal forma de diferenciar uma da outra.

É possível usar até 32 caracteres no nome. Algo muito importante que devemos dizer: O SSID é *case-sensitive*, o que significa que ele diferencia letras maiúsculas de minúsculas. Ou seja, **s** (minúsculo) é diferente de **S** (maiúsculo).

O ideal é usar nomes que identifiquem a rede, que tenham algo a ver com aquilo que ela se propõe. Suponhamos que uma faculdade chamada "Vencer" cria uma rede sem fio para acesso dos alunos à Internet. O SSID pode ser simplesmente *Vencer*, *VencerNet* ,etc, mas sempre com muita atenção ao uso de letras maiúsculas e minúsculas.

Configurações Wireless

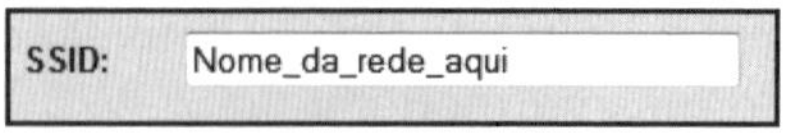

**Figura 5.5.:** SSID.

## Channel Number

Como sabemos, as redes sem fio funcionam através de ondas de rádio. Os padrões 802.11b e 802.11g funcionam dentro da frequência de 2.4GHz e são divididos em 11 canais de transmissão, e esta é uma banda estreita de frequência utilizável para uma comunicação.

Isso quer dizer que cada canal irá utilizar uma determinada banda de frequência:canal 1 = 2,412GHz; canal 2 = 2,417GHz; canal 3 = 2,422GHz; canal 4 = 2,427GHz; canal 5 = 2,432GHz; canal 6 = 2,437GHz; canal 7 = 2,442GHz; canal 8 = 2,447GHz; canal 9 = 2,452GHz; canal 10 = 2,457GHz e canal 11 = 2,462GHz.

Por esse motivo, dois APs, em uma mesma rede não podem utilizar o mesmo canal, a não ser que um determinado AP esteja configurado para ser repetidor de outro. Nesse caso, ambos devem usar o mesmo canal.

Não é possível configurar um canal se o modo escolhido for Client, ou seja, essa configuração é válida somente para os modos AP, WDS e AP + WDS.

Se sua rede possuir apenas um AP, não é necessário trocar o canal, sequer precisa se preocupar com esse parâmetro. Troque de canal apenas se a *latência* da rede estiver alta, pois isso pode ser causado por interferências e a troca de canal pode ajudar.

É interessante constar que dispositivos tais como transmissores de redes *Bluetooth*, telefones sem fio de 2,4GHz, microondas e outros podem causar interferência em uma rede sem fio. Por isso, evite, se possível, ter esses equipamentos próximos ao ponto de acesso.

## Advanced Settings

Esse item do menu está relacionado às configurações avançadas, que irão interferir diretamente no funcionamento da rede sem fio. No geral, não é necessário alterar essas configurações para que a rede funcione, e, jamais modifique alguma coisa se não tiver certeza do que está fazendo. A seguir, comentamos os parâmetros mais comuns.

## Authentication Type

É o *tipo de autenticação*. Como visto na **Figura 5.6**, as opções são *Open System* (Sistema Aberto, não irá usar criptografia), *Shared Key* (Chave Compartilhada, utiliza uma chave estática WEP 64/128 bits. Receptor e transmissor compartilham a chave de segurança) e *Auto* (Faz seleção/detecção automaticamente). Sugestão: deixe em **Auto**.

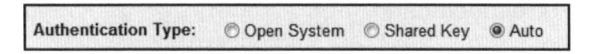

**Figura 5.6.**: Authentication Type.

## Fragment Threshold

Configura o *limite de fragmentação*. Serve para configurar o tamanho máximo, em bytes, que será o limite de dados a serem enviados sem ocorrer *fragmentação*. Acima do valor indicado, ocorre a fragmentação dos dados, pois eles passam a ser enviados em vários pacotes menores. Na dúvida, deixe o valor 2346, que é o padrão (**Figura 5.7**).

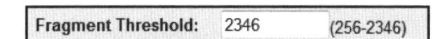

**Figura 5.7.**: Fragment Threshold. Os valores entre parênteses indicam, respectivamente, o mínimo e o máximo permitidos.

## RTS Threshold

O padrão, geralmente, é que esse valor seja maior que o *Fragment Threshold*. De qualquer forma, observe que na própria página de configuração há os valores os permitidos de serem configurados (**Figura 5.8**).

**Figura 5.8.**: RTS Threshold. Os valores entre parênteses indicam, respectivamente, o mínimo e o máximo permitidos. Observe que o valor máximo permitido é maior que o valor máximo do parâmetro *Fragment Threshold*.

Esse parâmetro serve para configurar qual o valor máximo a partir do qual irá ocorrer a requisição de RTS (*Request-to-sent*) e CTS (*Clear-to-send*). Ele serve para resolver o problema de estações que conseguem "enxergar" o AP, mas não enxergam outras estações.

Funciona assim: antes de qualquer estação iniciar uma transmissão, ocorre o envio de um pacote RTS ao AP, que é uma *solicitação* para que esta transmissão ocorra. Estando tudo pronto para a transmissão, o AP retorna um pacote CTS e a transmissão de dados será iniciada. Esse sistema só será utilizado caso o tamanho do pacote exceda o valor especificado.

## Beacon Interval

Ajuste de *Intervalo de marcação*. É um pacote enviado a todos os dispositivos da rede para indicar a sua disponibilidade, bem como sua velocidade. É usado pelo AP para sincronizar a rede.

O valor indicado representa, em milissegundos (ms), de quanto em quanto tempo será enviado o "pacote beacon". O valor padrão é 100, e no geral pode-se usar valores de 20 a 1024ms (**Figura 5.9**).

**Figura 5.9.**: Beacon Interval.

## ACK Timeout

*ACK* é uma forma reduzida de *acknowledge* que, em uma rede, é um sinal de *confirmação*. Basicamente, é o tempo de espera de um pacote (**Figura 5.10**).

Suponhamos que um AP esteja aguardando o recebimento de um pacote de um nó qualquer. Se for recebido dentro do tempo limite, ele envia um sinal de confirmação do recebimento. Caso não receba, ele ficará aguardando. Caso esse limite de tempo seja ultrapassado, o AP não irá mais aceitá-lo.

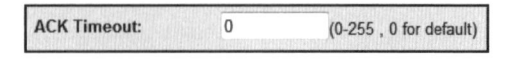

**Figura 5.10.**: Acknowledge Timeout.

Por isso, deve-se ter cuidado ao configurar esse item. Valores altos farão o AP aguardar um tempo desnecessário (caso o pacote não seja enviado), e valores muito baixos o farão "desistir" rápido demais (antes mesmo de o pacote ser entregue por completo).

Para distância pequenas – uma rede em uma ou duas salas, por exemplo –, você pode deixar o valor padrão, que é 0 (zero). Para distâncias maiores – imóveis interligados, ou se a rede começar a ter problemas de comunicação – coloque um valor que pode ser no máximo 255.

## Client Expired Time

É o *tempo de expiração de uma conexão cliente*. Configura o tempo, em segundos, que um cliente pode ficar ocioso (sem atividade). Passado esse tempo, o AP irá desconectá-lo (**Figura 5.11**).

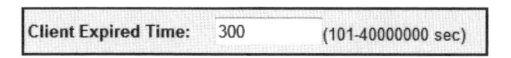

**Figura 5.11.**: Client Expired Time.

## MTU Size

MTU são as iniciais de *Maximum Trasmit Unit* (unidade máxima de transmissão). Aqui configuramos o tamanho máximo do pacote *ethernet* (protocolo) que um microcomputador poderá enviar. O padrão é 1500 bytes (**Figura 5.12**).

Ao enviar um dado de um micro para outro, ele será dividido, pelo protocolo TCP/IP (muito usado em redes), em diversos fragmentos ("pacotes"), que serão remontados no micro destino. O MTU é o maior tamanho possível que esses fragmentos podem ter para que possam percorrer todo o caminho até chegar ao destinatário.

**Figura 5.12.**: MTU Size.

## Data Rate

É a *velocidade de transmissão de dados* na rede. Os valores são: 1, 2, 5.5, 6, 9, 11, 12, 18, 24, 36, 38 e 54MB. O padrão é *Auto* (**Figura 5.13**) e você deve deixá-lo assim, principalmente se a rede contiver dispositivos do padrão IEEE 802.11b e IEEE 802.11g.

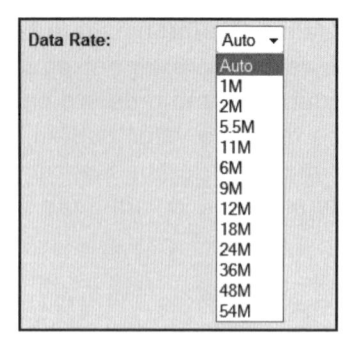

**Figura 5.13.:** Data Rate.

## Preamble Type

Define o *tipo de preâmbulo*. *Preamble* é uma sequência de bits que, durante a transmissão de dados, irá sincronizar emissor e receptor. Ele é necessário, pois atua na detecção de erros. Como se pode ver na **Figura 5.14**, são duas as opções de configurações: *Short Preamble* (preâmbulo breve) ou *Long Preamble* (preâmbulo longo).
Quando usar cada um deles?
• **Long Preamble:** se a rede tiver muito tráfego ou em ambientes com muita interferência. Em caso de dúvida, selecione esse padrão.
• **Short Preamble:** se a rede tiver um tráfego muito pequeno, em ambientes com o mínimo de interferência, quando houver na rede nós que utilizem uma interface wireless do padrão 802.11b, ou se forem observados problemas de sincronização.

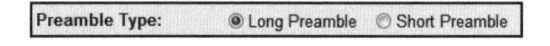

**Figura 5.14.:** Preamble Type.

## Broadcast SSID

Significa *Emitir/Enviar SSID*. Essa é uma opção interessante, e uma ótima dica de segurança (**Figura 5.15**). Se você deixar o **Broadcast SSID** desabilitado, o nome da rede sem fio não será enviado junto como o sinal e, dessa forma, não será exibido ao ser feita uma procura por redes disponíveis.
Isso é indicado somente em ambientes onde os usuários são os mesmos, não mudam. Nesse caso, basta informar manualmente o

nome da rede às pessoas autorizadas a ingressar nela. Em lugares em que sempre há novas pessoas para usar a rede, como aeroportos, faculdades etc, essa técnica não deve ser usada.

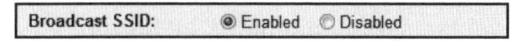

**Figura 5.15.**: Broadcast SSID.

A configuração padrão é *Enabled*, com a qual o nome da rede é enviado. Para não enviar, basta escolher *Disabled*.

# IAPP

IAPP é a sigla para *Inter-Access Point Protocol*. É um protocolo coordenado por um grupo de empresas, cujo objetivo é garantir a *interoperabilidade* – habilidade do hardware e/ou software trabalharem em conjunto – entre equipamentos de fabricantes diferentes.

O protocolo IAPP define como será a comunicação entre os pontos de acesso, permitindo o controle da comunicação entre os nós conectados à rede, cuja comunicação é mediada pelo(s) AP(s).

A configuração padrão é **Enabled**, e é muito importante que seja deixada assim, principalmente se na rede são usados equipamentos de diferentes fabricantes (**Figura 5.16**).

**Figura 5.16.**: IAPP.

# 802.11g Protection

Esse item é importante em redes que haja usuários que usem interfaces do padrão IEEE 802.11b e IEEE 802.11g simultaneamente. O padrão IEEE 802.11g possui um mecanismo de segurança que garante o funcionamento de redes sem fio nessas condições, sem que haja interferências/erros entre os usuários IEEE 802.11b e IEEE 802.11g (**Figura 5.17**).

**Figura 5.17.**: 802.11g Protection.

## Block WLAN Relay

Configuração que permite isolar os clientes. Através dessa função, é possível bloquear pacotes entre clientes sem fio. Isso quer dizer que os clientes serão impedidos de ver um ao outro e se comunicarem entre si. A configuração padrão é *Disabled* (**Figura 5.18**), com a qual os clientes poderão "conversar" um com o outro. Se for selecionado *Enabled*, isso não será permitido.

**Figura 5.18.**: Block WLAN Relay.

## Turbo Mode

O *modo turbo* (**Figura 5.19**) permite uma transferência de dados que ultrapassa os 54Mbits/s, chegando aos 108Mbits/s. Para que ocorra esse aumento, é necessário que as interfaces (que devem ser do padrão 802.11g) envolvidas tenham esse modo embutido, ou seja, devem dar suporte a ele. Além disso, ao usar esse modo, ocorre uma drástica diminuição da área de cobertura da rede.

**Figura 5.19.**: Turbo Mode.

## Transmit Power (OFDM) e Transmit Power (CCK)

Através dessas configurações, podemos ajustar a potência do sinal de acordo com a distância do receptor.

OFDM são siglas das palavras em inglês *Orthogonal Frequency-Division Multiplexing*, e CCK são siglas de *Complementary Code Keying*. Ambas são técnicas de modulação, ou seja, formas de inserir as informações que são transportadas na rede no sinal de radiofrequência. Explicando de forma simples, é a modulação que define como transportar os nossos dados pela rede, usando as ondas de rádio. Ela permite que estas informações/dados sejam transportados, inseridos nos parâmetros de *amplitude*, *frequência* ou *fase da portadora*.

A modulação não é uma técnica empregada somente em redes sem fio. Em qualquer sistema de transmissão de dados haverá algum tipo de modulação sendo empregado. Não existem somente esses dois tipos (OFDM e CKK), e sim vários tipos (técnicas) de modulação, das quais citamos:

**Modulações em fase:**
- PSK: *Phase Shift Keying*.
- QPSK: *Quadrature Phase Shift Keying*.
- DQPSK: *Differential QPSK*.

Modulação em amplitude:
- QAM: *Quadrature Amplitude Modulation*.

**Modulações em Frequência:**
- FSK: *Frequency Shift Keying*.
- GFSK: *Gaussian Frequency Shift Keying*.

**Espalhamento Espectral:**
- DSSS: *Direct Sequence Spread Spectrum*.

Existem várias outras técnicas de modulação, mas citamos somente essas apenas para dar alguns exemplos. Caso tenha se interessado pelo assunto, procure na própria Internet. Vá ao site Google (www.google.com.br) e procure por *modulação*, "*técnicas de modulação*" ou "*modulation techniques*". Você ficará surpreso com a quantidade de informações disponíveis.

De acordo com diversas literaturas técnicas, a OFDM é uma modulação em frequência, o que se pode perceber inclusive pelo nome (*Orthogonal Frequency-Division Multiplexing*), enquanto a CCK é uma técnica de Espalhamento Espectral.

O OFDM possui a propriedade de dividir a transmissão de um sinal em vários sub-canais ortogonais entre si, garantindo que não haja interferência entre eles. Cada um desses sub-canais utiliza uma frequência diferente e transporta apenas alguns bits do sinal original. Isso garante uma alta taxa de transmissão e resistência a interferências.

A técnica de modulação CCK é uma variação da CDMA (*Code Division Multiple Access*), uma técnica de multiplexação empregada em telefonia móvel. Basicamente, o CKK trabalha com a variação do sinal para *encodificação* da informação. Pode ser empregada para altas taxas de bits.

Não iremos nos aprofundar muito nas técnicas de modulações, pois esse é um assunto para estudantes de engenharia elétrica, por exemplo, e fugiria do escopo desta obra. Voltemos ao tema do livro, que é montagem de redes wireless, para falar sobre as configurações possíveis de serem feitas em seu AP. Comecemos explicando o que significam as siglas *dbm* na frente de cada parâmetro.

As siglas dbm estão relacionadas a uma medida muito importante, o *decibel (dB)*. Explicando de forma bem simples, o decibel é uma unidade que pode ser usada para medições em *acústica*, *física* e *eletrônica*. As suas medidas são relativas, algo semelhante à porcentagem (%).

Uma grande aplicação de medições em decibéis está em sua vida todos os dias, o tempo todo: a intensidade de um som.

Já o *dBm* significa *dB miliwatt*. É uma forma de medida absoluta. 0 (zero) dBm é definido como 1mW (*miliwatt*) de potência. É uma medida usada comumente para expressar a potência de um equipamento de transmissão, que é o caso do AP.

Existe uma equivalência entre dBm e a potência de transmissão. Veja alguns exemplos:
- 15 dBm = 32 mW.
- 16 dBm = 40 mW.
- 17 dBm = 50 mW.
- 18 dBm = 63 mW.
- 19 dBm = 79 mW.
- 20 dBm = 100 mW.
- 21 dBm = 126 mW.
- 22 dBm = 158 mW.
- 23 dBm = 200 mW.
- 24 dBm = 250 mW.
- 25 dBm = 315 mW.
- 26 dBm = 400 mW.
- 27 dBm = 500 mW.
- 28 dBm = 631 mW.
- 29 dBm = 794 mW.
- 30 dBm = 1 Watt.
- 40 dBm = 10 Watts.
- 50 dBm = 100 Watts.
- 60 dBm = 1000 Watts.

Para aumentar a área de cobertura de uma rede sem fios, uma das alternativas é aumentar a potência de transmissão (**Figura 5.20**), mas isso pode causar aumento temperatura do AP. Por isso, sempre que configurar esse item, aumentando a potência, observe se realmente houve aumento da cobertura da rede, se o AP está aquecendo muito (o que pode provocar seu travamento) e veja se o resultado final vale a pena.

| Transmit Power(OFDM) | 20 dbm |
|---|---|
| Transmit Power(CCK) | 24 dbm |

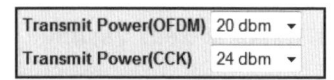

**Figura 5.20.**: Transmit Power (OFDM) e Transmit Power (CCK).

## Security

Vamos agora abordar um tema de grande importância em sua rede: a segurança. Há duas formas principais de se configurar técnicas de segurança na rede. A primeira é através do uso de *criptografia* e *chave de acesso*. A segunda é configurando o *firewall*, que será abordado mais detalhadamente no **Capítulo 7 – Firewall**.

As configurações de criptografia e chave de acesso à rede ficam, geralmente, em um link **Security** (na seção **Wireless**). Caso o caminho para se chegar a esses itens seja diferente em seu AP, basta procurar rapidamente e você irá encontrá-la sem dificuldade. Elas visam dar proteção à rede contra o acesso de pessoas não autorizadas.

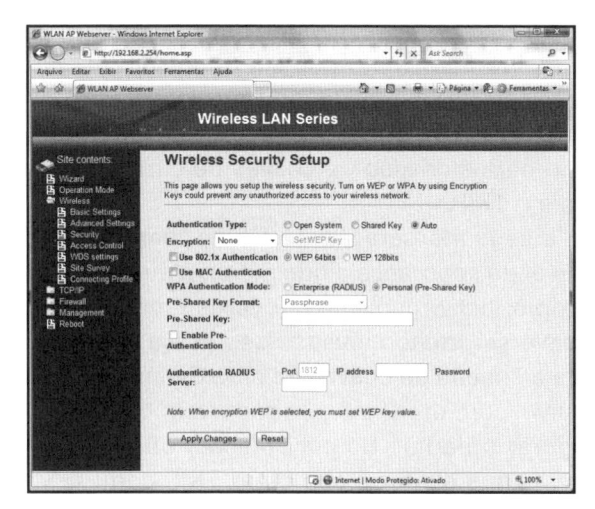

**Figura 5.21.**: Wireless Security Setup no AP Zinwell Zplus G220.

Configurações Wireless

89

Como podemos perceber na **Figura 5.21**, a primeira opção é a *Authentication Type*, já explicada neste capítulo.

## WEP, WPA (TKIP), WPA2 (AES) e WPA2 Mixed

Em *Encryption*, selecionamos o tipo de criptografia a ser usado. As opções são: *None* (não utiliza nenhuma criptografia), *WEP, WPA (TKIP), WPA2 (AES)* e *WPA2 Mixed*. Vejamos o que significa cada uma dessas siglas:
- **WEP**: *Wired Equivalent Privacy*.
- **WPA**: *Wi-Fi Protected Access*.
- **TKIP**: *Temporal Key Integrity Protocol*.
- **AES**: *Advanced Encryption Standard*.

O padrão de encriptação WEP é um dos primeiros a ser usado em redes sem fio, sendo parte do padrão IEEE 802.11, portanto é usado por produtos desse padrão, foi validado em 1999. Apesar de ser muito usado até os dias de hoje, principalmente em uma tentativa de se manter compatibilidade entre todos os nós, ele possui muitas vulnerabilidades e falhas, o que permite que hackers façam ataques bem sucedidos à rede, desde captura de mensagens até autenticação na rede.

Graças a todas essas falhas e vulnerabilidades, foi criado em 2003 o WPA, como forma de corrigir todas as falhas do WEP e permitir uma maior segurança da rede. Desse modo, ele é na verdade um WEP melhorado. Tanto que ele pode ser chamado de WEP2 e, portanto, se referem à mesma coisa, que é a primeira versão do WPA. No geral, pode-se usar o WPA em redes que possuam WEP. O mecanismo para a criação de chaves de cifra dinâmicas e para a autenticação é o TKIP.

Já existe a segunda geração do WPA, chamada de WPA2, que possui um nível de segurança ainda maior, o suficiente para ser usado, por exemplo, por organismos governamentais, onde o nível de segurança deve ser muito elevado. Isso graças ao AES, que é mecanismo para a criação de chaves de cifra dinâmicas e autenticação. Ele é compatível com produtos que suportem o WPA.

Ao configurar o padrão de encriptação, observe se há a opção *WPA2 Mixed*. O que ela faz é combinar TKIP com AES, permitindo que dispositivos que utilizam o padrão WPA possam se comunicar com dispositivos que utilizam o padrão WPA2.

Se for escolhido o padrão WEP, o próximo passo é criar as chaves de acesso (**Figura 5.22**), bastando para isso, no nosso exemplo, clicar no botão **Set WEP Key**.

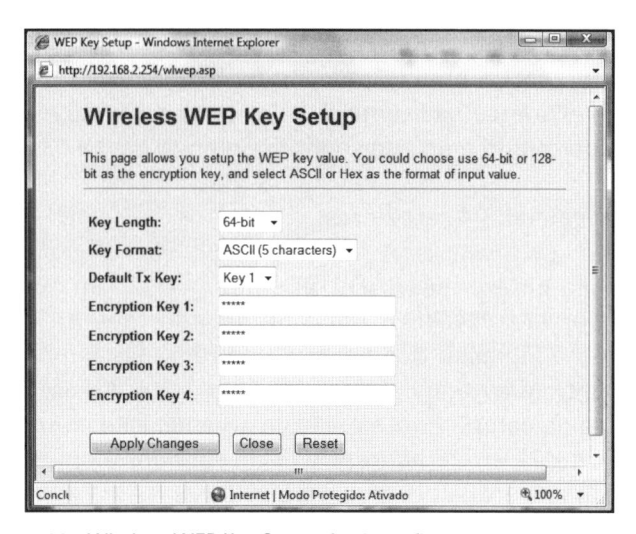

**Figura 5.22.**: Wireless WEP Key Setup. Aqui, configuramos a chave de acesso.

Em *Key Length* (comprimento da chave) você deve definir o modo de criptografia, que pode ser de 64 ou 128 bits. Isso terá efeito direto no tamanho da chave:
- **64 bits**: 5 caracteres alfabéticos ou 10 números hexadecimais.
- **128 bits**: 13 caracteres alfabéticos ou 26 números hexadecimais.

Em *Key Format* definimos o formato da chave: caracteres ASCII (qualquer caracter disponível no teclado, de acordo com a tabela ASCII) ou Hexadecimal (A, B, C, D, E, F, 1, 2, 3, 4, 5, 6, 7, 8, 9 e 0).

No campo *Default Tx Key* você deve definir qual será a chave padrão, a que será utilizada normalmente. Observe que você pode digitar até quatro chaves, mas não é obrigatório digitar as quatro, basta digitar uma.

Nos campos seguintes (*Encryption Key 1*, *Encryption Key 2*, *Encryption Key 3* e *Encryption Key 4*) você deve digitar as chaves. Ao terminar, clique em **Apply Changes**.

Se for escolhido algum outro padrão de encriptação, WPA (TKIP), WPA2 (AES) ou WPA2 Mixed, escolha, em *WPA Authentication Mode* (Modo de autenticação WPA), o modo *Enterprise (RADIUS)* ou *Personal (Pre-Shared Key)*.

Se escolher o modo **Personal (Pre-Shared Key)**, você pode digitar a chave no campo *Pre-Shared Key*. Mas, antes, defina o formato da chave em *Pre-Shared Key Format*:
- **Passphrase:** combinação de letras, caracteres de pontuação e números. Pode-se usar uma sequência de palavras e textos. No geral, é permitido o uso de senhas contendo de 8 a 63 caracteres ASCII.
- **Hexadecimal:** 64 caracteres.

Já a opção **Enterprise (RADIUS)** é um método em que será utilizado um *servidor RADIUS* – tipo de servidor que irá executar a autenticação e ingresso dos usuários na rede. Ele também permite maior controle e gerenciamento dos usuários. Ao escolher esse modo, digite no campo *Port* a porta de autenticação com o servidor (o padrão é 1812), em *IP address* o IP do servidor e em *Password* a senha de autenticação com o servidor.

## Access Control

Quando se fala em *Access Control* (controle de acesso), estamos nos referindo à possibilidade de controlar o acesso dos usuários à rede. Esse controle, geralmente, se resume a permitir ou não que um ou mais usuários acessem a rede, ou seja, permitir ou bloquear a sua entrada.

O processo é simples, bastando informar o número MAC do usuário e definir se queremos negar ou permitir sua entrada à rede.

O número MAC (*Media Access Control*), que pode ser chamado de *MAC Address* (Endereço MAC) é um código hexadecimal único que cada interface de rede possui. Não existem dois números MAC iguais. Por isso, ele é o endereço físico da interface de rede.

É um endereço de 48 bits. Exemplo de um *MAC Address*:

*00:0e:2e:50:97:5f*

Vejamos como bloquear o acesso de um determinado usuário à rede. A primeira providência a ser tomada é descobrir o seu *MAC*

*Address* (**Figura 5.23**). Isso pode ser feito através do próprio *Web-Setup* do AP. No modelo que estamos usando como base, basta ir em **Basic Settings** (na seção **Wireless**) e clicar no botão **Show Active Clients** (Mostrar clientes ativos).

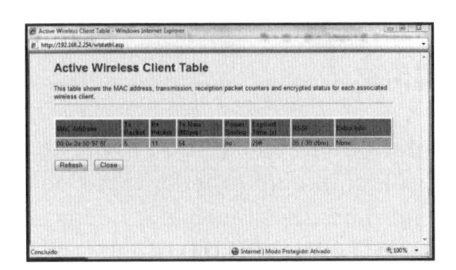

**Figura 5.23.**: Active Wireless Client Table. No momento há somente um cliente ingressado na rede, cujo *MAC Address* é 00:0e:2e:50:97:5f.

Uma vez com o *MAC Address* anotado, basta ir à página *Access Control*. Em **Wireless Access Control Mode** (Modo de controle do acesso à rede sem fio), escolha a opção **Deny listed** (Negar enumerados). Em *Comment* (comentário) você pode digitar algum comentário, como um lembrete do motivo pelo qual o usuário em questão está bloqueado, por exemplo. Em *MAC Address*, digite o endereço MAC anotado no passo anterior. Mas atenção: digite-o sem usar os ":" (dois pontos). Nosso exemplo (*00:0e:2e:50:97:5f*) deve ser digitado da seguinte forma: *000e2e50975f*. Feito isso, clique no botão **Apply Changes**.

A partir desse ponto, o usuário em questão não conseguirá se ingressar à rede, não importando se há ou não configurado nela algum tipo de criptografia e chave de acesso (**Figura 5.24**).

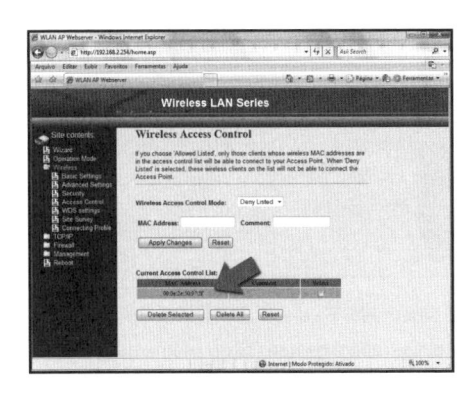

**Figura 5.24.**: Usuário bloqueado.

Voltando à opção **Access Control Mode**, devemos usar a opção **Allow listed** (permitir enumerados) quando desejamos permitir novamente o acesso de algum usuário que tenha tido o acesso à rede previamente bloqueado. Basta selecionar o usuário na lista, escolher **Allow listed** e clicar em **Apply Changes**.

## WDS settings

Como vimos anteriormente, o modo WDS é configurado quando o objetivo é usar o AP como um repetidor de sinal. Como já foi dito, quando ele é configurado dessa forma, é necessário clonar o *MAC Address* do AP principal (além de ambos estarem configurados para utilizar o mesmo canal – *Channel Number*).

É exatamente nessa página (**WDS settings**) que configuramos o AP em que será repetido o sinal. Vale lembrar que só é possível fazer esses ajustes se o AP já estiver configurado para o modo WDS.

Inicialmente, você precisa saber o endereço MAC do AP que iremos repetir o sinal. Para isso, ele deve estar na área de cobertura do repetidor (AP que vai ser configurado como tal). Isso pode ser conseguido até no próprio AP, pois grande parte dos modelos disponíveis trazem essa informação em uma pequena etiqueta. Outra opção é fazer um rastreamento de redes ao alcance no próprio AP que será o repetidor.

No modelo que estamos usando como referência, basta clicar em **Site Survey** (na seção **Wireless**) e clicar no botão **Refresh** (**Figura 5.25**).

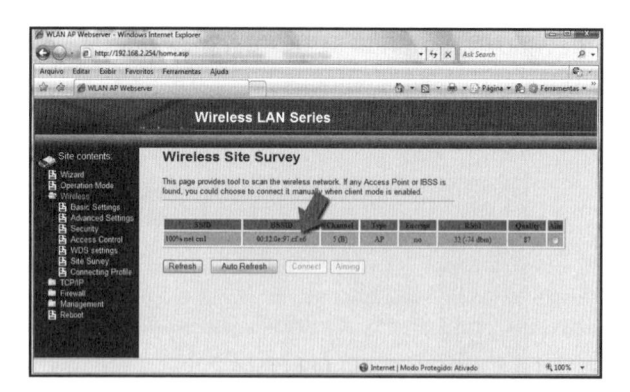

**Figura 5.25.:** AP detectado. Veja seu *MAC Address* no campo BSSID. Além dessa informação, aparecem os itens SSID (nome da rede), *Channel* (canal), *Type* (Tipo), *Encrypt* (uso de criptografia), RSSI (potência do sinal) e *Quality* (qualidade do sinal captado).

Com o *MAC Address* anotado, basta ir a página **WDS settings** (**Figura 5.26**). Ative (selecione) o item **Enable WDS**. No campo *MAC Address* digite o MAC, sem os ":" (dois pontos). No nosso exemplo, o MAC é *00:12:0e:97:cf:e6*, logo, deverá ser digitado desta forma: *00120e97cfe6*. Em *Comment*, digite algum comentário, se desejar. Para salvar e finalizar, clique em **Apply Changes**.

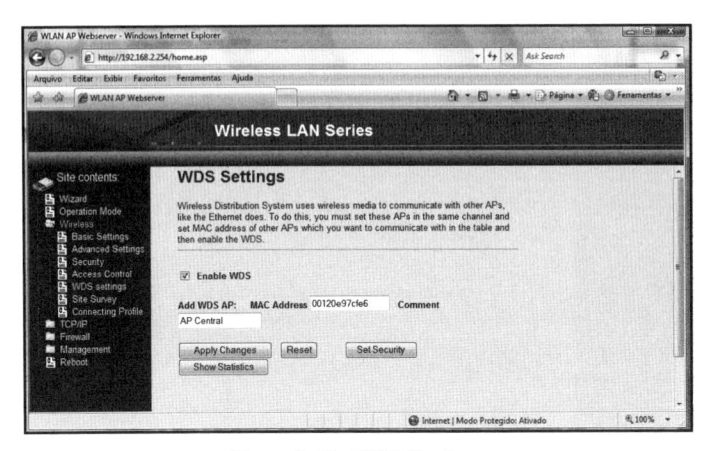

Figura 5.26.: WDS Settings.

## Connecting Profile

Ao configurar o AP no modo *Wireless ISP*, que é o modo utilizado para receber o sinal *wireless* de um provedor de acesso à Internet, ou seja, usado para acessar a Internet, usamos a página *Connecting Profile* para configurar o AP a que devemos nos conectar (geralmente de uma empresa, ligado a uma antena onidirecional).

É importante ressaltar que o "AP *Wireless ISP*" deve estar configurado para o modo cliente, caso contrário, não irá funcionar. Além disso, é necessário fazer todos os ajustes básicos, tais como os parâmetros de conexão com a Internet (Gateway padrão, Máscara de sub-rede, endereço IP etc.). Tudo isso é abordado no **Capítulo 6 – Configurações de TCP/IP**.

Para configurar, você precisará do **SSID** e do **BSSID** (*MAC Address*) do AP do provedor de acesso à Internet. Ele pode ser obtido, tal como foi demonstrado anteriormente, na página **Site Survey**.

Com esses dados anotados, vá à página **Connecting Profile Settings** (**Figura 5.27**). Ative o item **Enable connecting profile**. No campo **SSID**, coloque o nome da rede. Em **BSSID** coloque o endereço MAC, sem digitar os ":" (dois pontos). Para confirmar, clique em **Apply Changes**. Feito isso, o AP do provedor irá aparecer na lista de preferência.

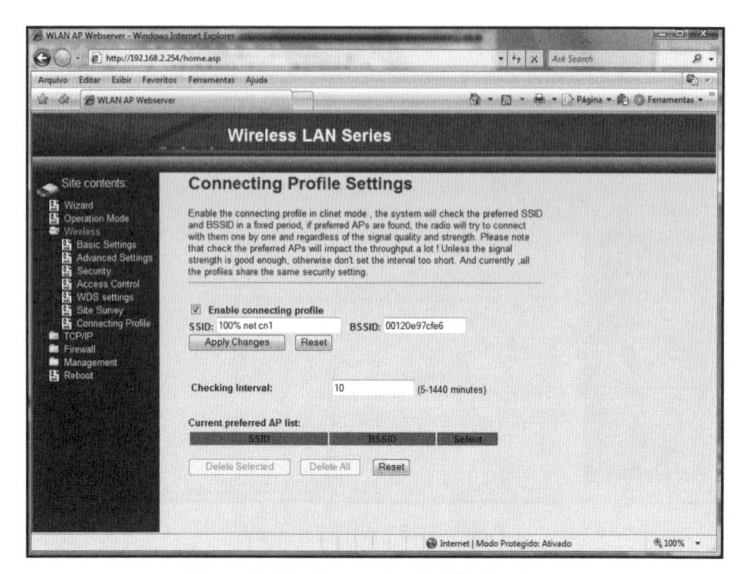

**Figura 5.27.**: Connecting Profile Settings.

# Capítulo 6

## Configurações de TCP/IP

## Configurações de TCP/IP

**Objetivos:**
- Conhecer o protocolo TCP/IP e sua arquitetura.
- Realizar as configurações da rede local: IP, Máscara de sub-rede, *Gateway*, DHCP, *802.1d Spanning Tree* etc.
- Conhecer os parâmetros básicos usados para configurar a interface WAN para distribuir, na rede, a Internet que chega ao AP via porta WAN (no modo Router), *wireless* (no modo *Wireless ISP*) ou através de um roteador ligado à porta WAN.
- Conhecer alguns parâmetros de roteamento.

## Protocolo TCP/IP

Quando se fala em TCP/IP, estamos falando de um dos protocolos usados em redes de computadores. Mas muitos de vocês podem estar se perguntando: o que é um protocolo? Para evitar atropelos, antes de partir para explicações a respeito de TCP/IP, é necessário entender perfeitamente o que é um protocolo.

Consultando o dicionário, encontramos o seguinte significado para a palavra protocolo:

**Protocolo**
*s.m. (gr. Protokollon).*
1. Registro de atos públicos.
2. Formulário que regula os atos públicos.
3. Deliberação diplomática.
4. Conjunto das disposições de um tratado entre nações.
5. Conjunto de normas a serem observadas em cerimônias oficiais.
6. *Fig.* Formalidade, etiqueta.

*Fonte: Dicionário Larousse Cultural*

De todos os significados, destacamos: *conjunto das disposições*, *conjunto de normas*, *formalidade* e *etiqueta*. Voltaremos a comentar alguns desses significados, e você entenderá porque eles podem ser usados em nossa explicação.

Voltando às redes de computadores, vamos usar como exemplo a Internet (a maior de todas as redes). Como sabemos, ela é composta por milhares de computadores espalhados por todo o mundo. Existem computadores de plataformas diferentes (Mac, PC etc.) e com sistemas operacionais diferentes (Windows, Linux, FreeBSD etc.). Perceba que, mesmo sendo plataformas e sistemas operacionais diferentes, eles conseguem se comunicar um com o outro.

Um usuário de um PC com Windows pode enviar um e-mail que passará por outros computadores (servidores) que podem ser de outra plataforma (como o Linux) e chegará ao destinatário que, para ilustrar, podemos supor que seja um Mac.

Não importa a plataforma, sistema operacional ou até idioma do destinatário, ele conseguirá receber e ler o seu e-mail. E mais do que isso: podemos usar programas de comunicação instantânea (que nos permitem conversar através de áudio, vídeo ou texto, em tempo real, com outros usuários da Internet), abrir páginas Web que estão hospedadas em servidores que nem sabemos qual plataforma, idioma ou sistema operacional usam etc.

Poderíamos dizer que computadores de plataformas diferentes "falam" línguas diferentes. Por exemplo: poderíamos dizer que o Mac "fala" chinês enquanto um PC "fala" inglês. Se eles "falam" línguas diferentes, como é possível um se comunicar com o outro na grande rede? Isso só será possível se todos eles souberem "falar" uma mesma linguagem quando for necessário que se comuniquem entre si. É nesse ponto que entram os protocolos. São eles que ditam todas as *normas*, *disposições* e *regras* para a comunicação entre computadores. São eles que *controlam* e *permitem* a *conexão* e *comunicação* ou *transferência* de dados entre dois ou mais computadores.

Portanto, voltando a nosso hipotético exemplo, quando um Mac que "fala" o idioma chinês for se comunicar com um PC que "fala" o idioma inglês, ele não irá usar o idioma chinês ou o inglês, e sim a "linguagem" comum do protocolo, ou seja, ele seguirá as normas desse protocolo.

Existem vários tipos de protocolos, dentre os quais podemos citar:
- **TCP/IP**: *Transfer Control Protocol*.
- **POP**: *Post Office Protocol*.
- **POP3**: *Post Office Protocol version 3*.
- **IMAP**: *Internet Message Access Protocol*.
- **IMAP4**: *Internet Message Access Protocol version 4*.
- **SNMP**: *Simple Network Management Protocol*.

O TCP/IP é o protocolo mais comum e mais usado em redes (inclusive na Internet). Ele é formado por um conjunto de protocolos. O próprio nome já nos remete a dois deles:
- **TCP**: *Transmission Control Protocol* (Protocolo de Controle de Transmissão).
- **IP**: *Internet Protocol* (Protocolo de Internet).

A arquitetura do TCP/IP é baseada em um modelo de *camadas*, em número de quatro. A quarta camada é a mais próxima do usuário e a camada mais baixa (primeira camada) é a mais próxima da máquina. Veja na **Figura 6.1** uma representação da arquitetura do TCP/IP:

**Figura 6.1.**: Arquitetura TCP/IP.

Cada camada contém um determinado conjunto de protocolos e cada uma delas possui uma função bem definida, ou seja, cada camada irá pegar os pacotes de dados e fazer aquilo que é programada para fazer. Ao terminar o "serviço", ela entrega o pacote para a camada logo abaixo, que também exerce uma função bem específica. Ao tratar os dados, ela, mais uma vez, envia o pacote para a camada seguinte (abaixo). Esse processo vai ocorrendo até o pacote ser enviado à rede, seja através de cabos ou do "ar". Perceba que acabamos de ilustrar um processo de envio de um pacote. Quando ocorre o recebimento de um pacote, ele deverá passar por cada camada (iniciando pela primeira, que é a *Interface com a rede*) até chegar ao programa do usuário (representado pela camada *Aplicação*).

Vejamos, finalmente, para que serve cada camada e os protocolos mais comuns envolvidos:
- **Aplicação (quarta camada)**: essa é a última camada, e é ela que lida diretamente com os softwares do usuário. Por isso dissemos que ela é a "mais próxima do usuário", pois, é a camada que trabalha diretamente com o os softwares (como Word, Excel, calculadora, jogos etc.). Portanto, aqui haverá protocolos de aplicação, ou seja, aqueles usados pelos programas. Exemplos: *HTTP* (*Hypertext Transfer Protocol*. É usado para transferir dados pela Web), *SMTP* (*Simple Mail Transfer Protocol*. Usado para envio de e-mails), *FTP* (*File Transfer Protocol*. Utilizado para transferência de arquivos de e para um servidor), entre outros.
- **Transporte (terceira camada)**: o protocolo da camada de aplicação irá pegar os dados requisitados pelo programa e enviar para a camada abaixo dela, que é a camada de transporte. É nesse estágio que os dados são divididos em vários pacotes ordenados, cujo conteúdo é verificado para se evitarem erros. Um tipo de protocolo muito comum que atua nessa camada é o *TCP*. É ele o responsável por enviar os dados de forma correta, sem erros e na sequência exata. Um outro tipo de protocolo que pode atuar nessa camada é o *UDP* (*User Datagram Protocol*). A diferença entre ele o TCP é que o UDP prioriza a velocidade em liberar os pacotes. Não é realizado um controle tal como ocorre no TCP e não é garantido que os pacotes cheguem ao destino. Mas, devido ao seu modo de funcionamento, ele é extremamente eficaz em vários setores. Exemplo: transmissão de áudio e vídeo ao vivo pela Internet.
- **Internet (segunda camada)**: uma vez que cada pacote já esta preparado, a camada de transporte o envia para a camada Internet. Nessa camada quem entra em ação é o protocolo IP, cuja função é adicionar em cada pacote recebido o endereço IP do computador que o está enviando e o endereço IP do computador que vai recebê-lo. Então, ele trabalha com endereçamento. Feito isso, o pacote é enviado para a próxima camada, Interface com a rede.
- **Interface com a rede (primeira camada)**: esta é a camada mais baixa ou física (hardware e transmissão de sinais elétricos via qualquer mídia). Ela irá preparar os pacotes, digamos, em uma

"linguagem de máquina". É esta camada a responsável por tratar os dados que são enviados para o meio de transporte, que pode ser um conjunto de cabos de *fibra óptica* (e, portanto, os dados devem ser transportados em meios luminosos), cabos de *cobre* (pulsos elétricos) ou até mesmo pelo "ar" (rádio frequência). Um tipo de protocolo muito comum que atua nessa camada é o *Ethernet* (na verdade, ele é um conjunto de protocolos, e possui três camadas: *LLC* – Controle do Link Lógico –, *MAC* – Controle de Acesso ao Meio – e *Física*. Não iremos entrar em detalhes a respeito desse protocolo, pois o objetivo aqui é explanar somente o TCP/IP). Os pacotes a serem enviados pela rede, a partir daqui, recebem o nome de quadros.

## LAN Interface Setup

Agora que já conhecemos o protocolo TCP/IP, vamos partir para a prática e abordar algumas configurações possíveis de serem feitas em um *Access Point*. Iniciemos pelas configurações dos parâmetros da rede local sem fio.

No menu do roteador Zinwell Zplus G220, encontramos a seção **TCP/IP**, que possui o link **LAN Interface**. Clicando nele, chegaremos à página mostrada na **Figura 6.2**: **LAN Interface Setup** (Interface de configuração da LAN).

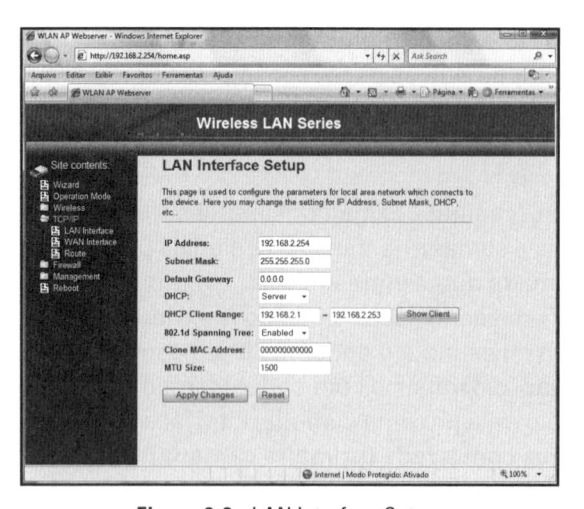

Figura 6.2.: LAN Interface Setup.

Na sequência, abordamos os parâmetros disponíveis.

## IP Address

A primeira opção é a **IP Address** (endereço IP). Através dela podemos configurar o IP do *Access Point*. Todo *Access Point* possui um IP que vem configurado de fábrica e é este IP que usamos para acessar o seu *Web-Setup*.

Acontece que podemos mudar esse IP. É necessário que seja usado um IP na mesma faixa de IPs usada em *DHCP Client Range* (ver logo a seguir), porém o IP do AP é reservado somente para ele. Desse modo, reserve para o AP um IP que esteja antes ou depois da faixa de IPs selecionada para o DHCP Client Range.

Podemos, por exemplo, reservar alguns endereços de IP no DHCP Client Range:

*192.168.2.2 – 192.168.2.253*

Desse modo, o IP do AP pode ser:

*192.168.2.1* ou *192.168.2.254*

Existem certas faixas de IPs que podem ser usadas em redes locais (sem fio ou não). São as seguintes:
- **Classe A**: de 10.0.0.0 a 10.255.255.255.
- **Classe B**: de 172.16.0.0 a 172.31.255.255.
- **Classe C**: de 192.168.0.0 a 192.168.255.255.

> **Atenção**: É preciso tomar muito cuidado ao local onde se configura o IP do AP. Fazemos isso, em geral, na seção **TCP/IP**, na página **LAN Interface**, em **Configurações da LAN**, ou algo parecido.
> Existem vários outros campos **IP Address** para serem configurados e pode haver conflito se os endereços não forem distribuídos com lógica e atenção. Por exemplo, há diversos campos para endereços na página **WAN Interface**, onde o **IP Address** se refere ao IP fornecido pelo provedor de acesso à Internet, que geralmente é o IP de algum outro AP ou roteador, e não o endereço IP de seu próprio *Access Point*.

## Subnet Mask

Configura a máscara de sub-rede. Este item deve ser configurado de acordo com a faixa de IPs usada no item anterior (**IP Address**). Cada faixa de IPs (classe) terá uma máscara de sub-rede que pode ser usada. Dessa forma, temos:
- **Classe A**: 255.0.0.0
- **Classe B**: 255.255.0.0
- **Classe C**: 255.255.255.0

As faixas são sempre essas e não podem ser trocadas. Se você usar uma faixa de IPs da classe A, a máscara de sub-rede deve ser 255.0.0.0 e não 255.255.0.0 ou 255.255.255.0.

Outro detalhe é que máscaras de sub-redes são formadas normalmente por dois números – 0 e 255 – mas outros valores podem ser utilizados em configurações mais sofisticadas.

## Default Gateway

Uma das definições para *gateway* é um dispositivo usado para conexão com a Internet, que compartilha e fornece esse acesso a outros computadores.

Esse dispositivo pode ser, inclusive, um computador que execute essa função, ou seja, tenha acesso à Internet e compartilhe com outros microcomputadores..

Essa é a definição empregada em redes. Sempre que, ao configurar IP, servidor DNS etc., for solicitado o "gateway padrão", saiba que está sendo pedido o IP do dispositivo usado para prover acesso à Internet.

Se você possui um roteador para acessar a Internet banda larga (Velox, Speedy etc.), é possível ligá-lo ao AP (na porta WAN) e compartilhá-la na rede sem fio. No campo **Default Gateway**, devemos informar o IP desse roteador.

O roteador, tal como o AP, possui um número IP, que também é usado para acessar o seu *Web-Setup*.

# DHCP

DHCP são as iniciais de *Dynamic Host Configuration Protocol*. O que ele faz é configurar dinamicamente os endereços IP de cada micro que entrar na rede. Dessa forma, não é necessário configurar manualmente os endereços IP (bem como máscaras de sub-rede) dos micros envolvidos.

Para que o AP funcione como um servidor DHCP, basta selecionar a opção **Server**.

## DHCP Client Range

Uma vez que o AP tenha sido configurado para atuar como um servidor DHCP, o próximo passo é definir a faixa de IPs que ele pode usar para os clientes que se ingressarem na rede.

Use a mesma faixa de IP usada em **IP Address** (IP do *Access Point*), respeitando o IP reservado ao AP.

Observe na **Figura 6.3** que em **DHCP Client Range** há dois campos. No primeiro você digita o IP inicial e no segundo o IP final. A partir daí, o AP usará os IPs dentro dessa faixa indicada para fornecê-los aos clientes.

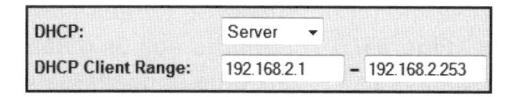

| DHCP: | Server | |
|---|---|---|
| DHCP Client Range: | 192.168.2.1 | – 192.168.2.253 |

**Figura 6.3.**: Exemplo de configuração do AP como servidor DHCP.

## 802.1d Spanning Tree

O **802.1d Spanning Tree** é um protocolo muito importante, que deve ser habilitado quando sua rede tiver bridges/switches (**Figura 6.4**).

Uma de suas grandes utilidades é trabalhar na definição dos melhores caminhos para a transmissão de dados na rede, atuando diretamente nos seguimentos separados por bridges ou switches. Isso evita que dados sejam transportados por caminhos com eficiência baixa – por exemplo, a entrega dos dados será mais demorada –, ou pior, os dados podem entrar em um processo chamado *loop* (ficam "dando voltas"), ficam sendo transportados sem conseguir chegar ao destino, isso acaba congestionando a rede. Essa situação pode acontecer principalmente porque muitos APs podem integrar redes sem fio com cabeadas (ou seja, eles possuem a função de hub/switch).

> 802.1d Spanning Tree: Enabled ▼

Figura 6.4.: 802.1d Spanning Tree habilitado.

## Clone MAC Address

Através dessa opção, podemos copiar o *MAC Address* de outro dispositivo. Suponhamos que você vai ligar um roteador na porta WAN do AP para compartilhar a Internet banda larga através da rede sem fio. É necessário digitar nesse campo o MAC do roteador, sem usar os : (dois pontos).

Essa opção também está presente em todos os tipo de acesso: WAN, Static IP, DHCP Client, PPPoE e PPTP.

## WAN Interface

Só é possível configurar os parâmetros da seção WAN Interface quando o AP estiver no modo *Router* ou *Wireless ISP*.

Nessa página (**Figura 6.5**), configuramos os parâmetros da Internet que está chegando ao AP, seja uma banda larga ADSL (um cabo ligado à porta WAN. O AP deve suportar o modo *Router*) ou por meio do recebimento da Internet através de ondas de rádio (*Wireless ISP*). Isso quer dizer que não importa se a Internet chega através de cabos ou por uma rede *wireless*, é nessa página que iremos configurar o AP para receber o sinal e distribuí-lo entre os usuários, via cabo (no caso do *Wireless ISP*), sinal de rádio ou ambos (no caso de receber a Internet via porta WAN).

Se você ligar um roteador ADSL na porta WAN, também pode usar essa página para configurá-lo. Mas, qual a vantagem de usar o AP em modo *Router*, recebendo o sinal da Internet de um outro router pela porta WAN? A resposta é muito simples: quando o seu objetivo for apenas distribuir a Internet via ondas de rádio para um determinado grupo de clientes, sem que eles possam se comunicar diretamente entre si.

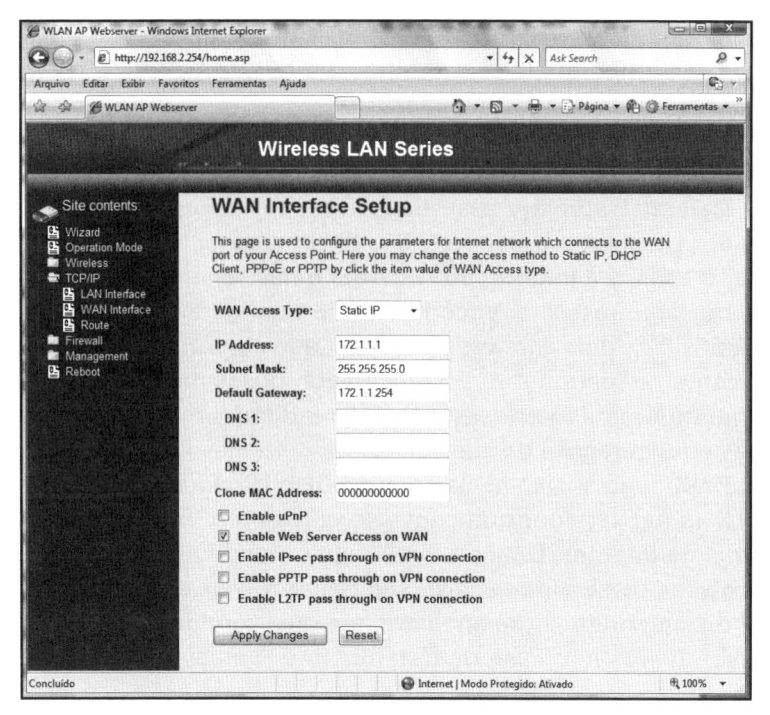

Figura 6.5.: Configurações de Static IP.

## WAN Access Type

Aqui selecionamos o *tipo de acesso WAN*. Por exemplo: suponhamos que você utilize conexão ADSL. Nesse caso você deverá escolher o tipo de acesso PPPoE.

Ao escolher um determinado tipo de acesso, haverá logo abaixo todos os parâmetros específicos do tipo em questão, que devem ser configurados. Vejamos, na sequência, um resumo de cada um.

## Static IP

Esse modo pode ser usado, por exemplo, quando você configurar um cliente *Wireless ISP*.

Vejamos, a seguir, para que serve cada parâmetro:
• **IP Address**: esse IP não é o IP do *Access Point*, mas um IP fornecido pelo provedor de acesso à Internet ao qual o AP irá se conectar. É preciso ter muita atenção em cada tipo de configuração,

pois muitos técnicos menos experientes se perdem ao meio de tantas configurações. Se alguma configuração for feita de forma errada, o AP não vai funcionar.
- **Subnet Mask**: é a máscara de sub-rede. Digite uma máscara de acordo com a classe de IPs usada em **IP Address**.
- **Default Gateway**: esse dado também é fornecido pelo provedor de acesso à Internet. É o IP do dispositivo que irá fornecer o acesso à Internet ao AP. Aqui é necessário fazer mais uma importante ressalva. Você não pode configurar, em um mesmo dispositivo, dois gateways padrão. Caso contrário, ele ficará simplesmente "perdido" e não funcionará. Desse modo, se tiver configurando uma interfaceWAN , não indique um gateway padrão nas configurações da interface LAN.
- **DNS**: logo abaixo há os campos DNS (*Domain Name System*). O DNs é o servidor que converte nomes em IPs e localiza websites na Internet. Quando você digita o endereço de um site no browser, os servidores DNS são responsáveis em localizar (pelo IP do site) onde ele se encontra, em qual servidor ele está disponível na Internet. Esse dado também é fornecido pelo provedor de acesso à Internet.

## DHCP Client

O modo *DHCP Client* fornece os IPs automaticamente (**Figura 6.6**). Também pode ser usado para configurar um *Wireless ISP*, desde que o provedor de acesso à Internet forneça suporte a essa configuração.

Neste último caso deve ser digitado nos campos DNS o IP fornecido pelo provedor ou deve-se ativar a opção *Attain DNS Automatically* para que o servidor DNS seja detectado automaticamente.

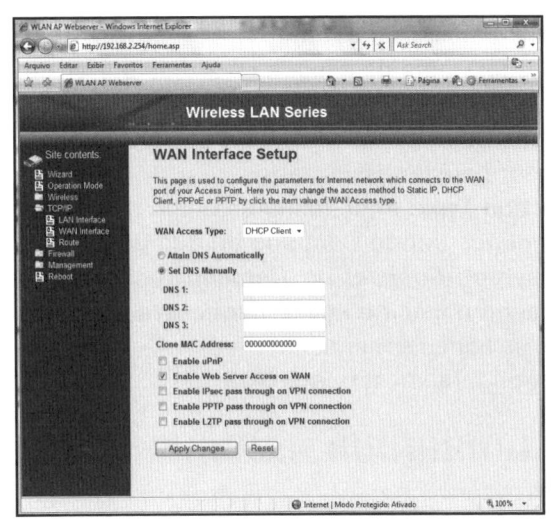

**Figura 6.6.:** Configurações de DHCP Client.

# PPPoE

Essas siglas significam *Point to Point Protocol over Ethernet*. Esse protocolo é o mais usado para conexão ADSL, ou seja, Internet banda larga (**Figura 6.7**). É ele quem estabelece a sessão de autenticação (através do fornecimento do nome de usuário e senha).

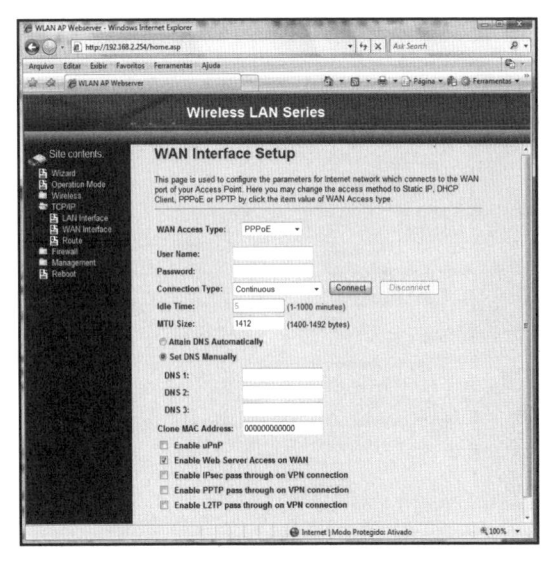

**Figura 6.7.:** Configurações de PPPoE.

Vejamos os principais parâmetros:
- **User Name**: nome de usuário criado pelo provedor de acesso à Internet.
- **Password**: senha de acesso. Você já deve estar cadastrado em um provedor para ter esses dados.
- **Connection Type**: aqui define-se o tipo de ligação. As opções são: *Continuous* (Modo Contínuo ou que permanece ligado permanentemente), *Connect on Demand* (conecta-se automaticamente quando o usuário necessitar acessar a Internet) e *Manual* (o usuário se conecta manualmente).
- **DNS**: configura um servidor DNS.

## PPTP

PPTP são siglas de *Point to Point Tunneling Protocol* (Protocolo de Tunelamento Ponto a Ponto).

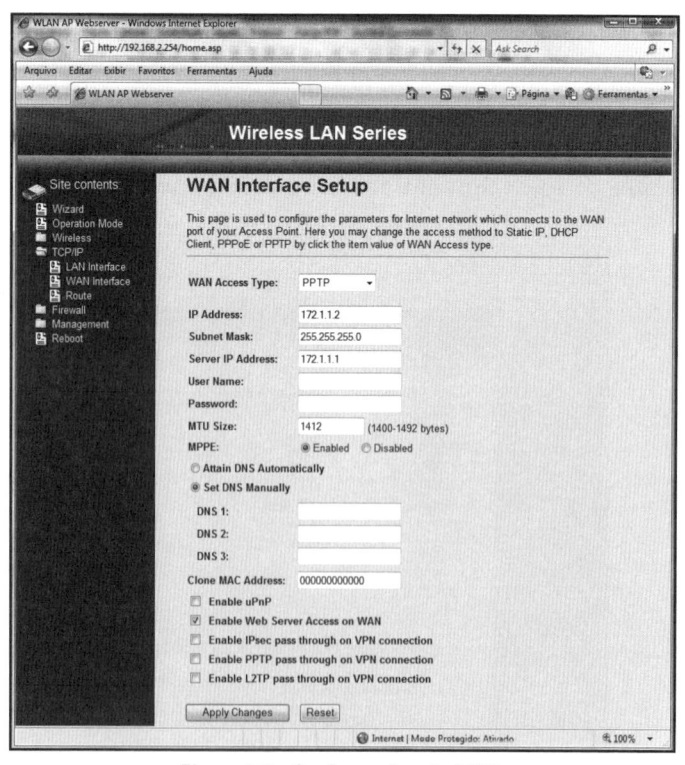

**Figura 6.8.**: Configurações de PPTP.

Todas as configurações citadas anteriormente, em PPPoE, são realizadas nesse tipo (**Figura 6.8**). A diferença é que, ao usar PPTP, haverá alguns parâmetros extras, dentre os quais citamos:
- **IP Address**: fornecido pelo provedor de acesso à Internet.
- **Subnet Mask**: de acordo com a faixa de IPs usada.
- **Server IP Address**: é o endereço do servidor PPTP, fornecido pelo provedor.

# Routing Setup

É possível fazer ajustes nessa página somente se o AP estiver configurado para o modo *Router* ou *Wireless ISP*. Ela é usada para editar o protocolo de *roteamento* dinâmico ou editar *rotas estáticas*. O roteamento é um processo que objetiva definir quais serão os melhores caminhos para o envio dos pacotes até seu destino.

Existem dois tipos de *roteamento* usados pelos dispositivos roteadores:
- **Roteamento estático:** utiliza rotas fixas, definidas pelo administrador. Sua alteração **requer intervenção humana**.
- **Roteamento dinâmico**: conhecido também por adaptativo. São utilizados protocolos de roteamento que irão definir as rotas. Esses caminhos são atualizados/mudados dinamicamente, sempre que necessário.

Ao acessar a página **Routing Setup** (na seção **TCP/IP**) você encontrará diversos parâmetros possíveis de serem configurados. Dentre eles, citamos:
- **Disable NAT**: NAT significa *Network Address Translation*. É um protocolo que garante o correto encaminhamento de pacotes da rede local à Internet. Não o desabilite.
- **Enable Dynamic Route**: deve ser habilitado. É esse parâmetro que irá ativar o roteamento dinâmico.
- **Enable OSPF Route**: a sigla OSPF significa *Open Shortest Path First*. É um protocolo de roteamento criado para substituir o protocolo RIP (ver a seguir). Quando um roteador suporta os dois protocolos (OSPR e RIP) quem ganha, quanto a preferência, é o OSDF. Entre as vantagens, citamos que com esse protocolo a velocidade de convergência é muito maior. Além disso, ele possui a capacidade de escolher pelos caminhos que estão realmente funcionando, além de conseguir testar a comunicação com outros

roteadores. Para usá-lo, você deve ativar o roteamento dinâmico (**Enable Dynamic Route**).

- **RIP**: sigla para *Routing Information Protocol*. Também é um protocolo de roteamento, conforme já foi dito, mas menos eficiente do que o OSPF. Só para citar um exemplo, e para que você entenda o porquê de ele ser menos eficiente, o protocolo RIP define o caminho a ser percorrido tendo como base a distância até o receptor, sem considerar as condições e desempenho desse caminho. Existem duas versões lançadas: RIP1 e RIP2.

# Capítulo 7

## Firewall

# Firewall

**Objetivos:**
- Conhecer o que é um *firewall*, sua função, tipos e porquê instalar um em sua rede.
- Aprender a aplicar filtros de portas de comunicação, IPs e *MAC Adress*.
- Aprender a usar *Port Forwarding* para permitir que computadores remotos (da Internet) se conectem a um computador dentro da rede local.
- Descobrir como configurar um *DMZ*, para tornar um computador acessível à Internet de forma irrestrita.

## O que é um Firewall?

O Firewall é um sistema de proteção aplicado a computadores e redes. Existem vários tipos, desde os firewalls pessoais (para proteção de um único computador) até os corporativos (para proteção de redes corporativas).

O Firewall é um mecanismo que atua entre a rede interna e uma externa – qualquer outra rede ao qual ela está ligada, incluindo a Internet –, monitorando o tráfego de dados que entra e o que sai.

Dessa forma, ele protege a rede contra acessos não autorizados e invasões de qualquer espécie (pessoas não autorizadas, vírus, trojans, etc.), além de monitorar a saída de dados, como tentativas de conexão efetuadas por programas maliciosos que, porventura, estejam na máquina de algum usuário.

No caso de Firewalls pessoais, eles atuam diretamente entre o computador do usuário e a rede externa, que pode ser desde qualquer rede local à qual ele está conectado até a Internet. Também monitora o tráfego de dados que entram e que saem. No caso dos dados que saem, estamos dizendo qualquer tipo de tentativa de conexão e/ou envio de alguma informação para redes externas. Se um programa não autorizado tentar se conectar à Internet, por exemplo, o usuário é imediatamente avisado, ficando a seu cargo autorizar ou não tal conexão.

Perceba, dessa forma, que um Firewall situa-se entre dois pontos (rede interna e externa), como se fosse um "escudo", uma barreira, um "muro" (**Figura 7.1**). Inclusive, o próprio termo faz alusão a um tipo de parede que é usada, por bombeiros, em casos de incêndios, que é chamada de *corta-fogo* (Firewall em inglês), para evitar o alastramento das chamas. Essa é a origem do nome Firewall usado para denominar este sistema que protege nossos computadores.

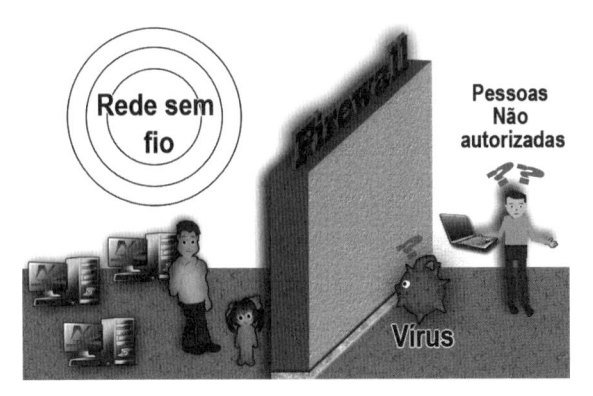

**Figura 7.1.**: Nesta imagem temos a representação de um Firewall. Observe que o muro impede que tanto pessoas não autorizadas quanto vírus e seus variantes acessem a rede.

## Tipos de Firewall

Podemos classificar os Firewalls em dois tipos bem definidos: os que operam via software e os que operam via hardware. Os instalados em um computador, logicamente, trabalham via software. Existem aqueles que são destinados a proteção pessoal, já que eles estarão agindo em um único computador. Existem também os firewalls que podem ser instalados em um servidor que ficará entre a rede interna e a externa. Nesse caso, ele passa a proteger uma rede inteira.

Já os firewalls que classificamos como hardware são dispositivos instalados na rede para prover a sua proteção. Eles possuem uma lógica interna, chamada firmware, que é um software que controla o dispositivo. Ele fica gravado em um chip ROM (memória ROM).

Qualquer *Access Point* ou roteador que se preze possui um Firewall embutido. Mais à frente, neste capítulo, veremos como configurar o Firewall de um AP.

## Modos de funcionamento

Quanto ao modo de funcionamento dos Firewalls, podemos citar dois modos básicos:filtragem de pacotes ou controles de aplicações.

O primeiro modo (filtragem de pacotes) é muito usado em Firewalls pessoais e em redes de pequeno ou médio porte. O que ele faz, basicamente, é decidir quais pacotes poderão entrar ou sair da rede. Também é sua função determinar quais computadores da rede poderão ou não se comunicar com a Internet ou outras redes.

Já o modo de controle de aplicações é mais complexo e robusto. É indicado para médias ou grandes redes. Anteriormente, dissemos que existem Firewalls que podem ser instalados em um servidor, que é o caso desse tipo. Na verdade, ele é projetado para ser instalado somente em servidores, que muitas vezes são chamados de *proxy*.

Por ser instalado em um servidor, ele irá intermediar a comunicação da rede interna com a externa. Qualquer tentativa de comunicação com uma rede externa deverá, obrigatoriamente, passar pelo Firewall, caso contrário não há comunicação. Devido a esse fato, ele é muito mais eficiente do que o do tipo anterior, uma vez que há acompanhamento, filtragem e controle muito maiores dos pacotes que circulam entre as redes.

## Riscos de não usar um Firewall

Os riscos que sua rede estará passando por não usar um firewall são vários, mas a razão maior de todas está relacionada com a segurança dos dados que circulam em suas comunicações: uma rede desprotegida pode ser alvo de hackers, que poderão capturar informações, comprometendo-as ou usando-as de forma maliciosa.

Os computadores podem ser alvo de vírus, *trojan horses* ou *trojans* (cavalos-de-tróia), entre outras "pragas" virtuais. Um cavalo-de-tróia é um programa que entra no computador do usuário como algo "útil" e "inofensivo". Por exemplo: uma animação qualquer, um jogo divertido etc. que, ao ser ativado (aberto pelo próprio usuário), mostra a sua face nociva, agindo sem que o usuário perceba. O grande truque do cavalo-de-tróia está no fato de que a animação ou o jogo, citados como exemplo, irão funcionar normalmente. Eles são apenas um disfarce que, inclusive, pode ser substituído por qualquer tipo de programa. Entre as coisas que um cavalo-de-tróia pode fazer, citamos a captura de tudo aquilo que é digitado no teclado e o posterior envio dessas informações à Internet para que o seu criador as receba. Um Firewall consegue bloquear portas que podem eventualmente ser usadas por todas essas "pragas", além de bloquear programas e pacotes de dados suspeitos.

Além da segurança dos dados, outro risco iminente é o de pessoas não autorizadas conseguirem acessar a rede e obterem, a partir dela, acesso à Internet. Esses "penetras" podem usar a conexão com a Web apenas para aproveitar seu serviço de banda larga, como podem também usar sua rede para iniciar ataques a outros computadores ou servidores.

## Configurando o Firewall de um AP

Vamos deixar a teoria de lado e demonstrar como configurar um Firewall de um *Access Point*. O texto a seguir se baseia no AP Zinwell Zplus G220, mas você pode usar o que está explicado a respeito de cada parâmetro para configurar outros modelos.

Essas configurações são realizadas na seção **Firewall** do menu que se encontra à esquerda da página (**Figura 7.2**). Ao clicar sobre ele, será aberto o menu dessa seção, onde cada link o levará a uma página em que é realizado um tipo de configuração bem específica. Leia a seguir o que podemos configurar em cada página e as funções de cada parâmetro:

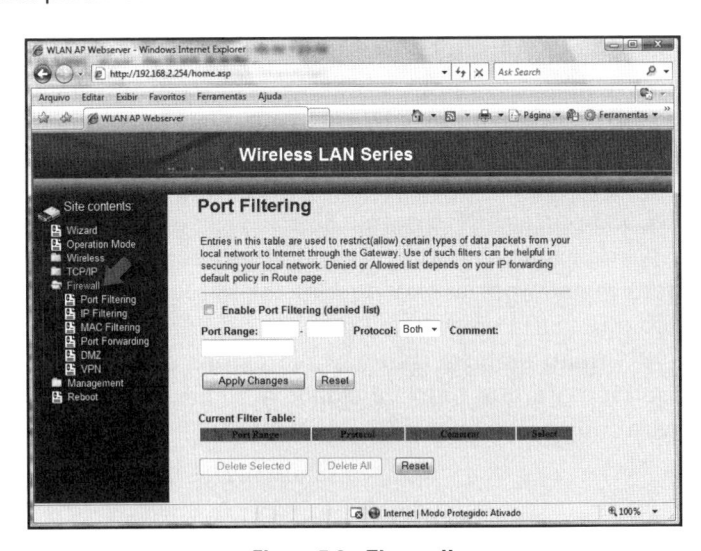

Figura 7.2.: Firewall.

## Port Filtering

Nessa página configuramos o *Filtro de portas*. Ele faz um controle de todos os pacotes e, quando ocorre alguma tentativa de conexão que busca uma porta que esteja configurada como bloqueada, a comunicação será impedida.

As *portas de comunicação* são "canais" que permitem a comunicação de programas e serviços com a rede (seja uma rede local ou a própria Internet). Todo e qualquer programa que deseja estabelecer algum tipo de comunicação em rede precisa usar uma porta.

Vamos a um exemplo bem prático e talvez muito comum em seu dia-a-dia: a navegação na Internet. O protocolo usado para navegar na Web é o HTTP. Quando você abre o seu browser e digita no campo URL o endereço de algum site, o browser conecta-se à porta 80 no servidor HTTP onde a página se encontra. E por que a porta 80? Porque essa é a porta padrão para o protocolo HTTP.

Outro exemplo bem típico é a transferência de arquivos locais (que estão no seu computador) para um servidor remoto. Isso pode ser feito usando o protocolo FTP (*File Transfer Protocol* – Protocolo de Transferência de Arquivos). Quando é usado um programa de FTP (AbleFTP, JaSFtp, Core FTP, WS_FTP Home, CoffeeCup Direct FTP, entre outros exemplos) para transferir arquivos para o servidor, ele se conecta, por padrão, à porta 21 do servidor FTP.

Cada programa e/ou serviço utiliza uma determinada porta, que já é definida por padrão. Por isso, é possível utilizar vários programas ao mesmo tempo acessando a rede ou a Internet (browsers, chat, transferência de arquivos via FTP etc.) sem que os pacotes enviados para cada um se percam no meio de tantas conexões, correndo o risco de um pacote ser enviado para o programa errado.

São 65.536 portas TCP e outras 65.536 UDP que podem ser usadas. Apesar de cada programa ou serviço ser associado, por padrão, a uma determinada porta, elas podem ser mudadas: um programa ou serviço que utiliza uma porta "x" pode ser configurado para usar a porta "y", muito embora isso envolva alguns ajustes que devem ser realizados para que tudo funcione. A seguir, listamos algumas portas para seu conhecimento:

- **21**: FTP.
- **22**: SSH.
- **23**: Telnet.
- **25**: SMTP.
- **42**: WINS.
- **53**: DNS.
- **80**: HTTP.
- **110**: POP3.

- **118**: SQL Services.
- **137**: NetBIOS Name Service.
- **147**: IMAP4.
- **143**: IMAP.
- **443**: HTTPS.

Para ver uma lista mais completa, visite o site: http://www.iana.org/assignments/port-numbers .

Uma porta aberta é aquela que não está bloqueada, e pode ser um canal de entrada para programas maliciosos, como os vírus e *trojans*. Existem scanners de portas, que são usados por pessoas que desejam invadir a rede, para rastrear e detectar portas abertas.

Mas você não pode simplesmente sair bloqueando todas as portas de comunicação existentes. Isso causará uma série de erros em diversos programas que usam a rede ou a Internet. Para que um dado programa ou serviço consiga se comunicar corretamente com rede ou a Internet, é preciso que a porta usada por ele esteja aberta.

Se você bloquear a porta 80, por exemplo, não será possível navegar na Web. Nenhum browser conseguirá acessar as páginas da WWW.

É necessário que você tenha uma política de segurança e tente sempre estar um passo à frente de eventuais problemas que possam surgir. Veja um grande exemplo: é comum em redes corporativas o bloqueio de portas usadas por programas de chat, tais como o MSN Messenger, muito embora as versões recentes consigam se comunicar usando a porta 80, além de haver sites que podem ser usados para que as pessoas conversem com seus contatos do MSN usando a Web.

As portas usadas normalmente pelo MSN são:

*TCP 1863*
*UDP 1863*
*UDP 5190*
*UDP 6901*
*TCP 6901*

Outra conduta muito aplicada é o bloqueio das portas usadas por programas *P2P* (*Peer-to-Peer*), que são programas de compartilhamento de arquivos.

Quando algum usuário instala esses tipos de softwares, ele passa a ter acesso a programas, músicas, vídeos e todo tipo de arquivo que estão em máquinas de outros usuários – que também possuam o mesmo programa instalado em seus computadores – ao redor do globo terrestre, formando uma espécie de "rede comunitária virtual". No geral, como o usuário passa a fazer parte da rede, ele também passa a oferecer esses tipos de dados (que estão em uma pasta pré-selecionada), para que outros usuários tenham acesso a eles. O Emule, por exemplo, usa as seguintes portas por padrão:

*TCP 4661*
*TCP 4662*
*TCP 4711*
*UDP 4672*
*UDP 4665*

No caso dos programas de compartilhamento de arquivos (*P2P*), eles são uma das grandes portas de entrada para vírus e hackers. Por isso, muitos administradores de redes já possuem essa preocupação em bloquear as portas usadas por eles. Dessa forma, mesmo que algum usuário da rede instale-os, eles não funcionarão.

Sempre, ao bloquear alguma porta, procure observar se não ocorrerá algum problema na rede. Por exemplo: alguns programas não conseguirem se conectar na Internet, não enviarem e-mail etc. Em caso de erros, basta desbloquear a porta e verificar se o erro persiste. Na própria Internet há muita informação das portas usadas pelos programas.

## Bloqueando uma porta

Vejamos, passo a passo como bloquear uma porta:

**1.** Na página **Port Filtering**, marque o item **Enable Port Filtering (denied list)** – *Ativar Filtro de portas*.

**2.** Em **Port Range**, especifique a porta a ser filtrada. Observe que há dois campos para digitar valores, separados por um sinal de "-" ou "~". Basta digitar o número da porta duas vezes, uma em cada campo.

**3.** Em **Protocol**, selecione o protocolo: as opções são *TCP*, *UDP* ou *Both* (ambos).

**4.** Em **Comment**, você pode inserir um pequeno comentário. Pode ser, por exemplo, um pequeno lembrete do motivo pelo qual a porta em questão está bloqueada.

**5.** Para finalizar e salvar, clique em **Apply Changes**.

Logo abaixo você verá uma tabela com as portas que estão sendo filtradas. Se clicar em **Delete selected**, irá apagar a porta selecionada. Se clicar em **Delete all**, irá apagar todas as configurações realizadas.

## IP Filtering

O filtro de IP é um recurso usado para que usuários da rede interna, cujo IPs estão listados, sejam impedidos de obter acesso à Internet. Para que isso funcione, obviamente, o computador do usuário deve usar IP fixo. Esse recurso não é tão seguro quanto o filtro de endereço MAC (ver a seguir), uma vez que os próprios usuários podem modificar seu endereço IP. De qualquer forma, para configurá-lo, faça o seguinte:

**1.** Na página **IP Filtering**, marque o item **Enable IP Filtering (denied list)** – *Ativar Filtro de IP*.

**2.** No campo **Local IP Address**, digite o IP do usuário. Digite respeitando todos os pontos. Por exemplo: digite **192.168.0.2**, e não *19216802*.

**3.** Em *Protocol*, selecione o protocolo: as opções são *TCP*, *UDP* ou *Both* (ambos).

**4.** Em **Comment**, você pode inserir um pequeno comentário.

**5.** Finalmente, clique em **Apply Changes**.

Logo abaixo, haverá uma tabela com os IPs que estão sendo filtrados.

## MAC Filtering

Este filtro faz a mesma coisa que o **IP Filtering**, ou seja, impede o acesso dos usuários listados à Internet, porém com uma eficiência muito maior.

Mas ele faz mais do que isso. Como ele bloqueia o endereço físico de uma interface (seja interface *wireless* ou placas de rede cabeadas), qualquer dispositivo que tiver o MAC listado terá o acesso à Internet bloqueado.

Além disso, como o IP é um endereço lógico e facilmente configurável, qualquer usuário comum com um conhecimento razoável poderá mudá-lo facilmente. Já um *MAC Address* é um dado gravado em um chip ROM e, apesar de existirem recursos para regravá-lo e mudá-lo, um usuário comum não conseguirá realizar todos os procedimentos necessários para tanto.

Para configurar a filtragem, siga os seguintes passos:

**1.** Na página **MAC Filtering**, marque o item **Enable MAC Filtering (denied list)** *Ativar Filtro de MAC*.

**2.** No campo **MAC Address**, digite o endereço MAC do usuário/dispositivo. Digite-o sem usar os " : " (dois pontos). Por exemplo: se o MAC for *00:12:0e:97:cf:e6*, digite **00120e97cfe6**.

**3.** Em **Comment**, você pode inserir um pequeno comentário.

**4.** Clique em **Apply Changes**.

Logo abaixo haverá uma tabela com os MACs que estão sendo filtrados.

## Port Forwarding

*Port Forwarding* em português significa *redirecionamento de portas*. Com este recurso é possível que usuários externos (da Internet) consigam acessar um computador de uma rede local que esteja atrás de um *router*. Isso quer dizer que, com esse esquema, é possível estabelecer comunicação com um computador que está em uma rede local partindo de qualquer ponto do mundo, usando a Internet.

Antes de continuarmos falando sobre *Port Forwarding*, é imprescindível abordamos alguns assuntos correlacionados: IPs privados, públicos e NAT.

Como sabemos, as redes internas usam IPs chamados "privados" (ou reservados, "não roteáveis"). Eles não são válidos na Internet. Os IPs reservados para Internet são os públicos ("roteáveis"). Um exemplo de IP público é *200.234.201.101*.

O *gateway* – por enquanto vamos usar esse nome genérico, mas saiba que podemos estar falando de um *router*, AP, Firewall etc. – consegue um IP válido na Web devido à sua conexão com o provedor de acesso à Internet. É como se o provedor "emprestasse" um IP válido ao *router* para que possamos nos conectar na Internet.

Mas cada computador da rede ainda possui IP privado. Como fazer para que eles acessem a Internet? Isso é possível graças ao NAT (*Network Address Translation*), que é um recurso que deve estar habilitado no *gateway*.

A operação que o NAT executa, basicamente, é fazer um mapeamento em que constam o IP interno e a porta local do computador.

Dessa forma, quando um determinado pacote sair da rede interna para a Internet, ele terá um IP válido (que é o IP que o *gateway* "pegou emprestado" do provedor) e levará consigo uma referência a esta porta e IP. Quando o pacote chegar ao destino, o computador que o receber saberá para onde retornar a resposta, pois ele sabe o IP (que é reconhecido como um IP válido), e possui a referência de quem enviou o pacote.

Por outro lado, se o computador de destino recebesse esse pacote que declara como remetente o IP privado, usado pelo computador na rede local, ele simplesmente não saberia para onde enviar a resposta, pois IPs privados não são usados na Internet e são tratados como se não existissem.

Explicando de forma mais simples, o que o NAT faz é pegar os pacotes oriundos da rede interna e deixá-los preparados para serem enviados pela Internet, de tal forma que sejam recebidos corretamente no remetente. Além disso, o remetente também terá totais condições de enviar a resposta corretamente.

## Onde está o *Port Forwarding*? ||||||||||||||||||||||||||

Como dissemos, esse recurso permite que um computador remoto se conecte a um computador dentro da rede local.

Essa conexão só é conseguida porque nós associamos antecipadamente, no Acces Point, portas de comunicação a endereços IP. Por exemplo: podemos associar a porta 2133 ao IP *192.168.2.1*. Desse modo, sempre que um computador externo "disser" ao AP que ele quer se comunicar com a porta 2133, o AP "saberá" que ele deseja se comunicar com o computador cujo IP é 192.168.2.1.

Para que esse esquema funcione sempre, os computadores da rede interna devem usar IPs fixos, caso contrário será necessário mudar as configurações no AP a cada novo ingresso dos computadores à rede, o que é inviável.

Algumas observações importantes:
- Só é possível usar esse recurso no dispositivo usado para prover o acesso à Internet. Isso que dizer que, se você usa um AP, ele deverá receber diretamente o acesso à Internet (via ADSL ou *Wireless ISP*) ou, caso haja um *router* ligado em sua porta WAN, ele (o AP) deve estar clonando o MAC do *router*, além de estar perfeitamente configurado e ter acesso à Internet.
- O NAT deve estar habilitado.
- Uma mesma porta não pode ser redirecionada para mais de um computador.
- Você pode associar várias portas a um mesmo endereço IP da rede local.
- Você precisa saber qual é a porta do aplicativo ou serviço que deseja oferecer.

## Configuração na prática IIIIIIIIIIIIIIIIIIIIIIIIIIIIIIIIII

Vejamos, então, como realizar a configuração na prática. Para exemplificar, vamos disponibilizar um servidor Web, que está instalado em um computador de uma rede local, para acessos feitos a partir da Internet. Para colocar esse exemplo em prática ressaltamos que o seu servidor Web (ou qualquer outro serviço) deve estar perfeitamente configurado e funcional.

Usaremos a porta 80 (TCP) pois, como já foi dito, essa é a porta padrão usada para navegação na Web. O nosso servidor fictício possui o IP 192.168.2.1. Para configurar tudo corretamente, siga os passos:

**1.** Na página **Port Forwarding** (**Figura 7.3**), assinale o item **Enable Port Forwarding**.

**2.** Em **IP Address**, digite o IP do computador local que irá prover o serviço. No nosso exemplo é **192.168.2.1**.

**3.** Em **Protocol**, escolha o protocolo. No nosso caso, o protocolo é *TCP*. Na dúvida, escolha *Both* (ambos).

**4.** Em **Port Range**, digite o número da porta que será usada para comunicação. No nosso exemplo, o número a ser digitado nos dois campos é 80.

**5.** Em **Comment**, você pode inserir um pequeno comentário. No nosso exemplo, digitamos Web Server.

**6.** Clique em **Apply Changes**.

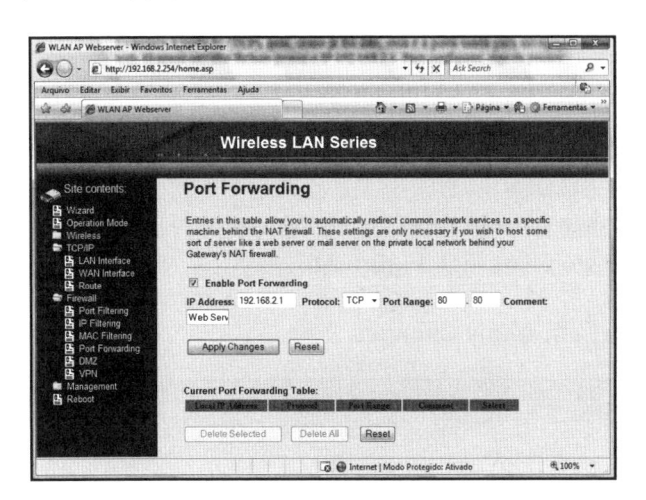

Figura 7.3.: Configurando um *Port Forwarding*.

Logo abaixo, haverá uma tabela com os *Port Forwarding* atuais (**Figura 7.4**).

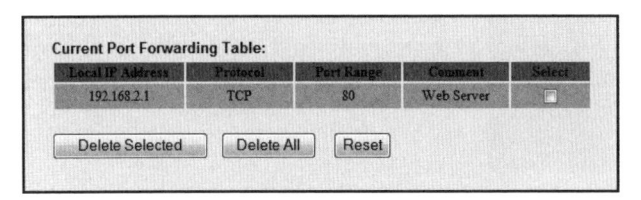

Figura 7.4.: *Port Forwarding* atual.

Firewall

## DMZ

DMZ é a sigla de *DeMilitarized Zone*, que em uma tradução literal para o português quer dizer *zona desmilitarizada*. É um recurso que permite deixar um computador totalmente accessível à Internet. Também é necessário ter o NAT ativado.

Ao usar esse recurso, não é permitido usar o *Port Forwarding* (que deve ser desabilitado). Além disso, ele não torna somente um serviço acessível à Internet, e sim todos os dados do computador podem ser acessados irrestritamente. Não há nenhum tipo de proteção ao computador exposto.

Não é necessário associar uma porta ao IP, uma vez que o computador é exposto integralmente. Basta informar o IP local. Além disso, um único computador pode ser configurado. O acesso ao computador pela Internet é feito digitando-se no browser o IP público do *gateway*.

Para configurar um computador:

**1.** Na página **DMZ**, assinale o item **Enable DMZ**.

**2.** Em **DMZ Host IP Address**, digite o IP do computador local que ficará exposto à Internet (**Figura 7.5**).

**3.** Clique em **Apply Changes**.

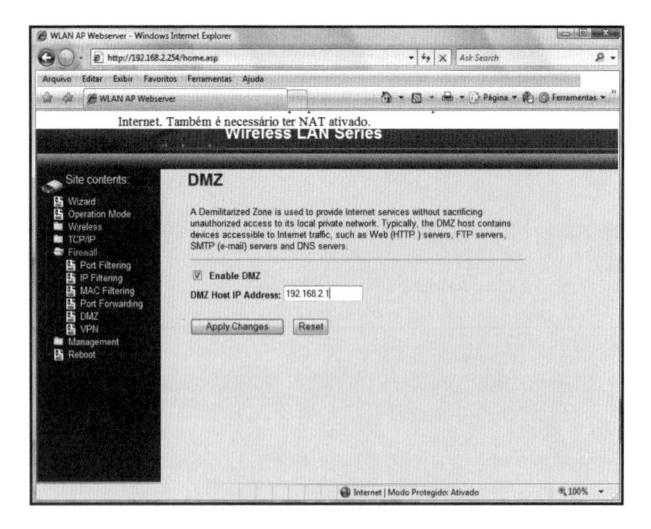

**Figura 7.5.**: Configurando um *DMZ*.

# Capítulo 8

## Gerenciamento

# Gerenciamento

**Objetivo:**
- Conhecer um pouco a respeito do gerenciamento da rede sem fio, tal como a inserção de senha no *Web-Setup* do AP, verificação do status, configuração de data e hora, logs etc.

## Introdução

Até este ponto do livro, vimos como montar e realizar diversos tipos de configurações em redes *wireless*. Neste último capítulo falaremos um pouco sobre o gerenciamento de redes sem fio. O gerenciamento pode ser feito através do próprio *Web-setup* do *Access Point*. No menu haverá uma seção dedicada a isso, chamada **Management** (Gerenciamento).

Podemos definir gerenciar como *administrar*, *regular* e manter a integridade física e funcional da rede. Isso quer dizer que o gerenciamento vai muito além de simplesmente configurar a seção **Management** do *Web-setup*. Por exemplo: devemos manter a integridade do AP, fisicamente falando. Se sua rede utiliza dois ou mais APs (repetidores), ou em conjunto com o AP são utilizados roteadores, cabe a você cuidar e manter esses equipamentos sempre seguros e em pleno funcionamento.

Primeiro ponto: eles devem estar instalados em lugares seguros. Evite simplesmente colocá-los de qualquer forma sobre uma mesa, para evitar que ele sofra esbarrões e até seja jogado no chão. Se o modelo em questão não suportar fixação em uma parede (não havendo os locais para parafusos), então reserve um lugar seguro, onde ele fique protegido e provendo um bom sinal a todos os nós da rede.

Uma questão muito importante é quanto à sua segurança: existem caixas próprias para a instalação de APs, principalmente naqueles casos em que ele é usado no modo *Wireless ISP*, sendo instalados junto ou próximo ao porte da antena. Essas caixas o protegem de chuva, sol e vento, além de prover uma segurança mínima contra furtos. Se você possui um provedor de acesso à Internet via ondas de rádio, saiba que essas caixas podem ser afixadas junto à base da antena.

Se um AP "queimar" (for danificado e parar de operar), ele deve ser substituído. Se a Internet parar de funcionar, deve ser verificado o motivo e alguma providência deve ser tomada o quanto antes. Se o tráfego de dados estiver muito pesado, o mesmo deve ser feito, ou seja, averiguar a causa e aplicar uma solução o mais rápido possível.

Quanto às configurações no AP, o que nos é permitido fazer, em se tratando de gerenciamento, vai depender muito da marca e modelo do AP. Existem desde modelos que nos permitem um gerenciamento básico até modelos que possuem um gerenciamento amplo e completo.

O objetivo deste capítulo é discutir algumas dessas possibilidades. O menu do AP Zinwell Zplus G220 pode ser visto na **Figura 8.1** a seguir. Observe a seção **Management**.

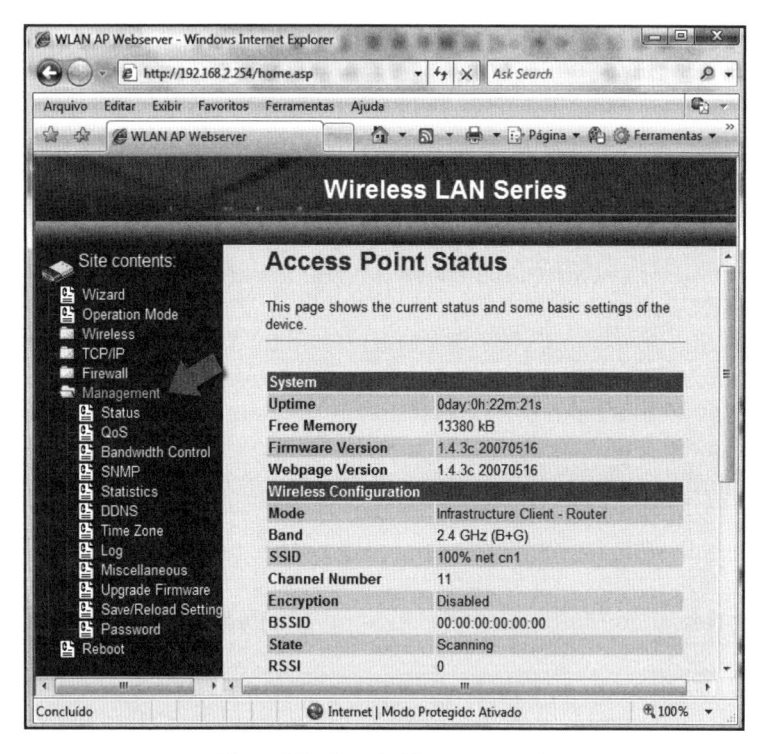

Figura 8.1.: Sessão **Management**.

## Password

Não há tópico melhor para começar a discussão do que esse. Falaremos a seguir do password de acesso ao *Access Point*, ou seja, a senha que é usada para acessar o *Web-setup*. Essa senha é de uso indispensável, sendo o primeiro fator de segurança a definir em toda a rede.

O AP é o centro, o núcleo da rede sem fio. Se qualquer pessoa que conseguir captar o sinal da rede tiver acesso ao *Web-setup* do AP, qualquer outro tipo de configuração de Firewall e chave de acesso é totalmente inútil e demonstra total ingenuidade a respeito do assunto.

Nem precisa dizer que uma vez "dentro" do *Web-setup*, todas as configurações podem ser modificadas, inclusive a favor daquele que fizer as modificações. Um invasor pode, por exemplo, aumentar a força do sinal para que ele consiga navegar melhor do local onde ele conseguiu captar o sinal *wireless*.

Ao montar uma rede sem fio, qualquer vizinho seu que tenha um computador contendo uma placa de rede *wireless* é capaz de captar o seu sinal. E ele pode tentar se conectar à rede – e, se ela não possuir criptografia e chave de acesso configurada, ele terá êxito. Se ele, além disso, conseguir o IP do *Access Point*, o acesso contínuo pode ser dado como certo.

Vale ressaltar que, ao criar uma senha, também é necessário criar um nome de usuário, pois esses dois dados são solicitados na tentativa de acesso.

Alguns *Web-setup* vêm de fábrica sem senha (e consequentemente, sem nome de usuário), simplesmente não solicitando nenhum tipo de identificação nos primeiros acessos até que o usuário altere esse padrão. Outros possuem senhas padrão (consulte o manual do aparelho), geralmente algo semelhante a *Admin* (nome de usuário) e *Admin* (senha).

Para modificar ou inserir uma nova senha, faça o seguinte:

**1.** Na seção **Management**, clique no link **Password**.

**2.** Irá abrir a página **Password Setup** (**Figura 8.2**). No campo **User Name**, digite um nome de usuário.

**3.** Em **New Password**, digite a senha desejada. Repita-a em **Confirmed Password**.

**4.** Para confirmar e salvar a nova senha, clique em **Apply Changes**.

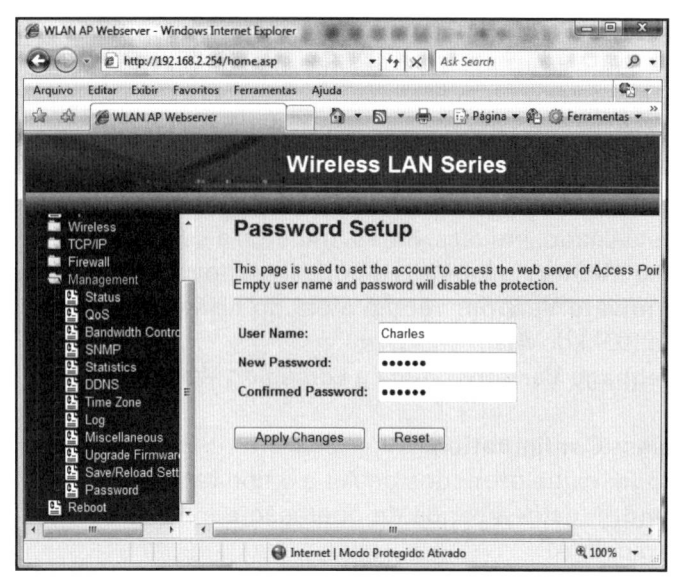

Figura 8.2.: **Password Setup**.

A partir de agora, sempre que algum usuário tentar acessar o *Web-setup* será solicitado um nome de usuário e senha (**Figura 8.3**).

Figura 8.3.: Digite o nome de usuário e senha.

## Status

Na página de *status* (**Figura 8.4**) podemos conferir as principais configurações e definições atuais do AP. Elas variam de acordo com o modo do AP, já que cada modo possui as suas próprias peculiaridades. Vejamos, por exemplo, as informações disponíveis no modo *AP – Bridge*:

**System**:
- **Uptime**: define o tempo de atividade. Mostra quanto tempo o AP está ligado, em dias, horas, minutos e segundos.
- **Free Memory**: exibe a memória livre do sistema.
- **Firmware Version**: versão atual do firmware gravado na memória ROM do AP.
- **Webpage Version**: define a versão do *Web-setup*.

**Wireless Configuration**:
- **Mode**: exibe os modos do AP e o tipo de rede.
- **Band**: Mostra a banda de operação e frequência usada atualmente pelo AP.
- **SSID**: o nome da rede.
- **Channel Number**: canal de transmissão usado.
- **Encryption**: mostra se e qual tipo de criptografia estão sendo utilizados.
- **BSSID**: *MAC Address* do AP.
- **Associated Clients**: número de clientes associados, ingressados na rede.
- **Power(OFDM/G)**: exibe a potência do sinal OFDM.
- **Power(CCK/B)**: exibe a potência do sinal CCK.

**TCP/IP Configuration**:
- **Attain IP Protocol**: exibe se é usado IP fixo ou dinâmico.
- **IP Address**: IP atual do *Access Point*.
- **Subnet Mask**: máscara de sub-rede usada.
- **Default Gateway**: mostra o IP do *gateway* padrão.
- **DHCP Server**: a condição atual, ou seja, habilitado ou desabilitado.
- **MAC Address**: exibe o endereço MAC do *Access Point*.

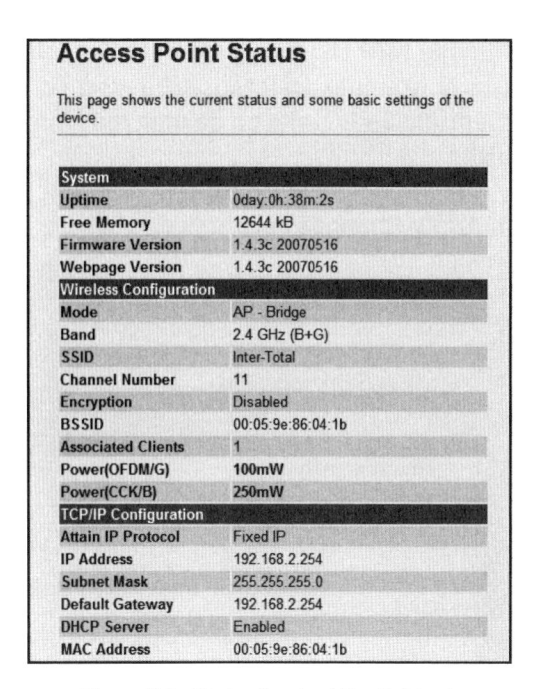

**Figura 8.4.:** Status (modo *AP – Bridge*).

# Time Zone

Nessa página é possível acertar data e hora (**Figura 8.5**). As configurações são bem simples. Acompanhe na prática:

**1.** No campo **Year** (ano) digite o ano atual.

**2.** Em **Month** (mês) digite o número correspondente ao mês.

**3.** Em **Day** (dia) digite o dia do mês.

**4.** No campo **Hour** (hora) digite a hora. Em **Min** (minutos) coloque os minutos e em **Sec** (segundos), os segundos.

**5.** No item **Time Zone Select** (Fuso horário) devemos escolher o fuso horário de acordo com o nosso país. Para o Brasil, deve-se selecionar **(GMT-03:00)Brasília**.

**6.** A opção **Enable NTP client update** deve ser selecionada caso deseje que data e hora sejam acertadas, através de um servidor público NTP (ver **Capítulo 3 – Instalação de uma rede Infraestruturada**, no tópico **Wizard**).

**7.** Clique em **Apply Changes** para aplicar e salvar.

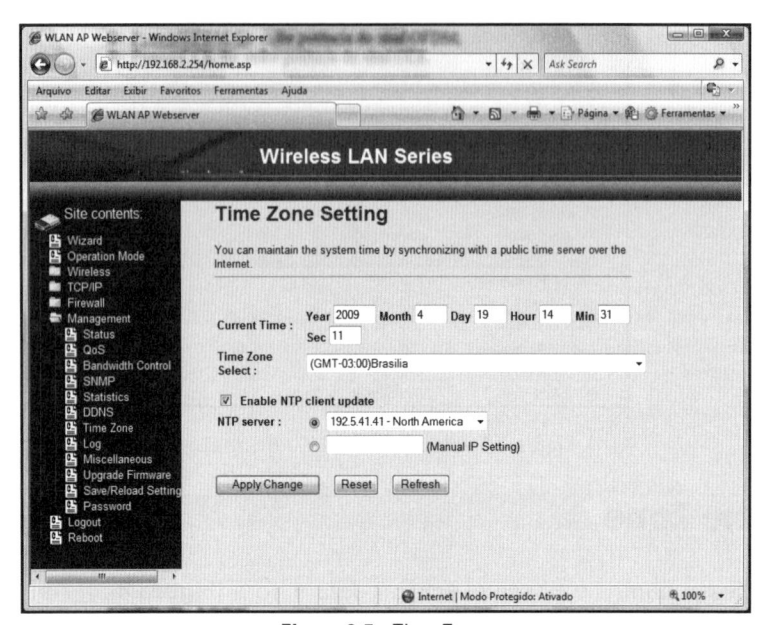

Figura 8.5.: Time Zone.

# Log

No tocante ao gerenciamento essa página é de utilidade vital. O objetivo principal dela é exibir os clientes que ingressaram e os que saíram da rede. Isso é conseguido graças ao endereço MAC que cada placa *wireless* possui.

Você pode facilmente montar uma tabela (usando algum programa específico, como o Excel) contendo os nomes de todos os clientes da rede, associados aos seus respectivos endereços MAC. A partir daí, é possível ter um pequeno acompanhamento de todos os seus ingressos à rede.

Se uma pessoa conseguir acessar a rede de forma não autorizada, o seu endereço MAC também estará registrado. Desse modo, essa página de logs torna-se útil também na tarefa de detecção de intrusos. Uma vez detectado o acesso de algum usuário não autorizado à rede, basta anotar o seu endereço MAC e bloqueá-lo, conforme já demonstramos anteriormente neste livro.

A questão de segurança é tão importante que vamos abrir um parêntese para comentar mais um assunto relacionado a ela: o ingresso de pessoas não autorizadas à rede pode ocorrer, ás vezes, não por uma invasão de fato, mas sim porque algum outro usuário que possui a sua autorização para acesso forneceu-lhe os dados necessários para que utilizasse a rede. Nesse caso, ele consegue entrar na rede sem fio e usar tudo os mesmos recursos aos quais um usuário autorizado tem direito. Mas o endereço MAC dele também será listado, e basta bloqueá-lo.

Para ativar essa função:

**1.** Selecione o item **Enable Log**, como mostra a **Figura 8.6**.

**2.** Logo abaixo, escolha entre **wireless only** (apenas sem fio) ou **system all** (todo o sistema).

**3.** Clique em **Apply Changes** para aplicar e salvar.

Para ver os logs clique no botão **Refresh**.

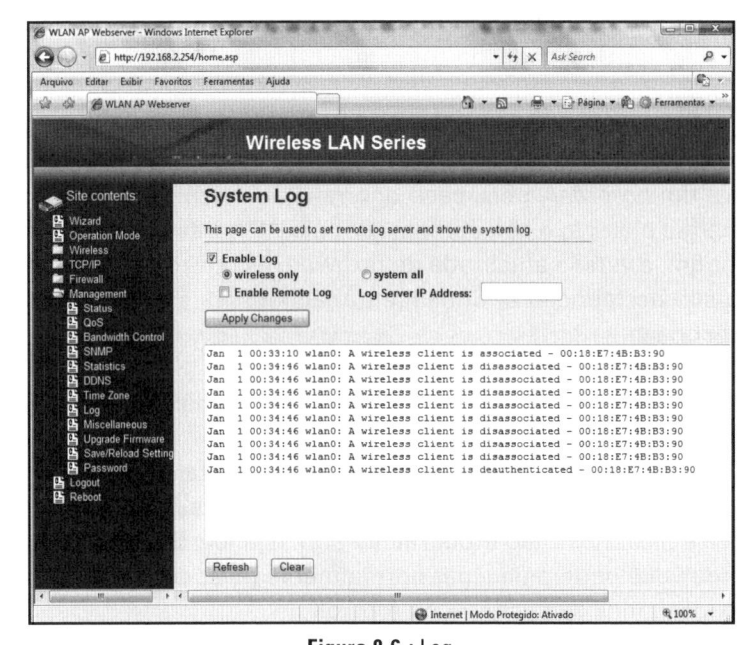

Figura 8.6.: Log.

## Upgrade Firmware

Fazer um upgrade do firmware do *Access Point* consiste em atualizar a versão desse firmware, trocando-a por uma versão mais recente ou acrescida de funcionalidades.

Você pode atualizá-lo por vários motivos. Por exemplo, para que ele tenha novas funcionalidades, pois em termos de hardware o AP pode dar suporte a certos tipos de configurações que ainda não podem ser realizadas no *Web-setup*, ou para que ele possa ser utilizado em nosso idioma (como quando o AP está no idioma inglês e você deseja atualizá-lo para o português) etc.

A primeira coisa, a saber, é que o procedimento de atualização do firmware de um AP pode mudar de acordo com a marca e modelo. Dessa forma, a consulta do manual é insubstituível: não existe, assim, uma maneira "padrão" para atualizar o firmware.

É preciso estar atento quanto à memória livre do dispositivo: observe, através do manual, se o seu modelo de AP exige uma certa quantidade de memória livre durante o processo de atualização. Caso afirmativo, e a memória livre não for suficiente, experimente desativar algumas funções, ou até reiniciar o AP, em último caso.

Além disso, um detalhe importante, é que durante o processo de *upload* dos dados para o AP (durante o processo de gravação), ele não pode ser desligado da tomada. O desligamento, acidental ou não, pode causar problemas sérios e em certos casos até inutilizar o aparelho, uma vez que os dados ficarão gravados pela metade na memória. O ideal é deixá-lo, pelo menos durante esse processo, ligado a um *no-break*, pois, caso ocorra uma interrupção temporária da energia elétrica, o seu computador e o AP continuam ligados.

Por fim, a versão atualizada do firmware é conseguida diretamente no site do fabricante. Consulte a manual para saber o endereço (URL) correto.

Vamos explicar para que servem as opções na página **Upgrade Firmware (Figura 8.7)**:
- A opção **Select File** é onde você deve digitar o caminho para o arquivo do firmware no seu HD. Caso queira fazer uma busca, basta clicar no botão **Procurar**. Irá abrir a janela **Escolher arquivo**, onde você poderá navegar normalmente pelas pastas até chegar ao local onde se encontra o arquivo.

- O botão **Upload** serve para enviar o arquivo do seu HD para a memória ROM do *Access Point*.
- O botão **Reset** apaga as informações inseridas no campo **Select File**, ou seja, as informações do local onde se encontra o arquivo.

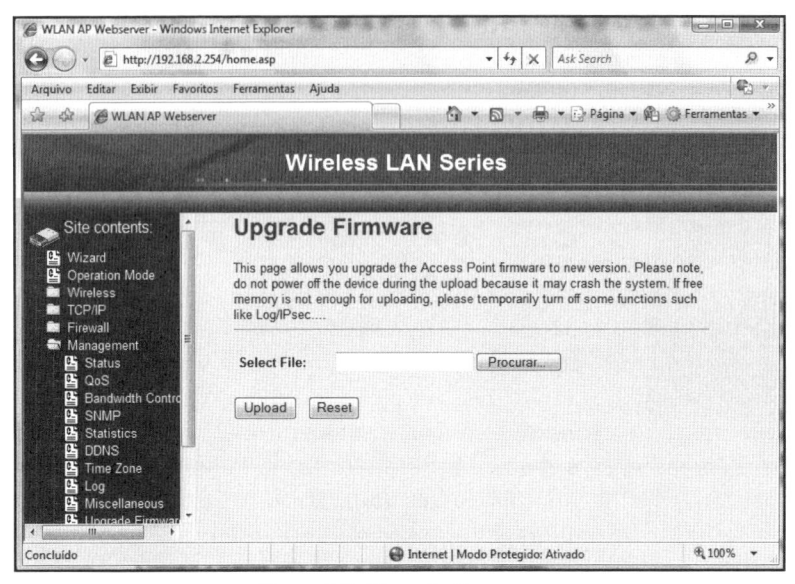

**Figura 8.7.**: Upgrade Firmware.

**Nota geral**: Para gravar o firmware na ROM do *Acces Point*, é necessário conectá-lo ao computador onde se encontra o arquivo do firmware (que você fez o download da Internet) usando um cabo do tipo par trançado. Consulte o manual para saber todos os procedimentos necessários para atualizar o firmware corretamente.

## Statistics

Esta é a página de *estatísticas*. Nessa página é possível acompanhar os pacotes enviados e recebidos na rede sem fio, redes Ethernet e WAN (**Figura 8.8**).

São duas as seções analisadas:
- **Sent Packets**: pacotes enviados.
- **Received Packets**: pacotes recebidos.

Para atualizar os dados da página, clique no botão **Refresh**.

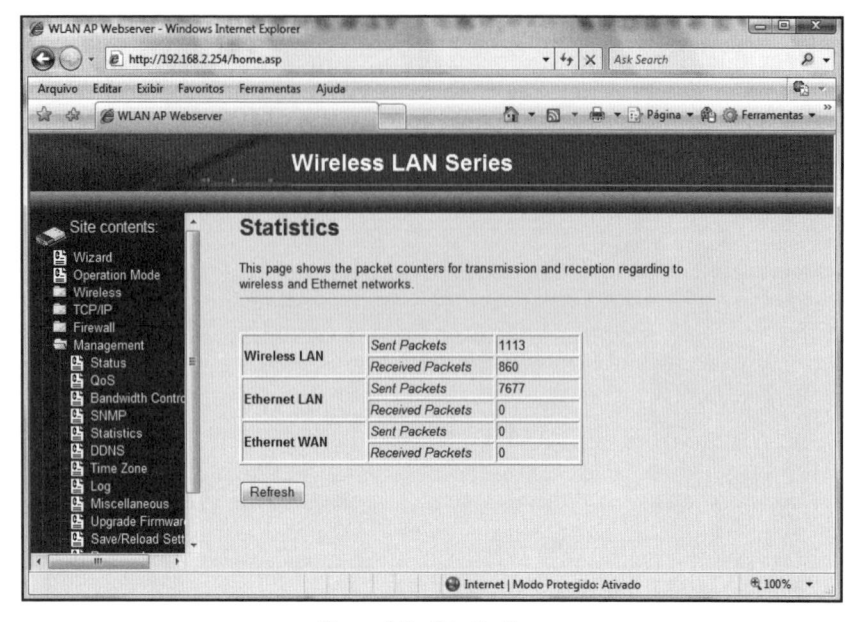

Figura 8.8.: Statistics.

# DDNS

No capítulo passado explicamos o funcionamento de *Port Forwarding*, com o qual, após a sua correta configuração, é possível acessar recursos disponíveis em um computador que esteja em uma rede local. Para que isso funcione, é necessário que o *gateway* - mais uma vez vamos usar esse nome "genérico", pois ele pode ser aplicado a qualquer dispositivo como um *router*, AP, firewall etc.- tenha um IP válido na Internet. E ele tem, graças ao servidor de acesso à Internet ao qual ele se conecta.

Mas há um problema grave nessa aparente perfeição: o IP recebido pelo *gateway* é válido, mas é um IP dinâmico. Isso quer dizer que ele muda praticamente o tempo todo. A cada conexão feita, um novo IP será cedido ao *gateway*.

Se o IP muda o tempo todo, é necessário informar o novo IP para todos os usuários que quiserem acessar o recurso disponível no computador local, o que torna o uso do recurso muito inviável. Isso vale também para o uso do DMZ, afinal o IP do *gateway* é dinâmico.

É nesse ponto que entra o DDNS (*Dynamic Domain Name System*). Ele é um serviço fornecido por diversas empresas, algumas gratuitas, outras pagas.

O que ele faz é criar um nome de domínio que passará a representar o IP (válido) da conexão do usuário. Com o serviço DDNS é possível acessar o *gateway* (ou os serviços oferecidos por ele) a partir da Internet sem se preocupar com IP.

O serviço funciona da seguinte forma: primeiro o usuário se cadastra no serviço, cria um nome de domínio e faz as devidas configurações necessárias no site. Uma vez cadastrado, ele terá um nome domínio e senha. Com esses dados, ele realiza a configuração na área DDNS do *gateway*, informando o site que oferece o serviço, o nome do domínio, senha e e-mail. Pronto, tudo já estará funcionando.

Sempre que o *gateway* se conectar com a Internet, ele fará uma conexão com o serviço DDNS para informar o seu novo IP. Desse modo, não importa quantas vezes o IP mude. O nome do domínio criado será sempre o mesmo, e ele irá fazer referência o IP do *gateway* válido no momento em que ele estive conectado. Sempre que mudar o IP do *gateway*, essa informação é automaticamente atualizada na empresa que fornece o DDNS.

Vejamos como realizar essa configuração:

**1.** Na seção **Management**, clique no link **DDNS** (**Figura 8.9**).

**2.** Na página **Dynamic DNS Setting**, marque (para ativar) o item **Enable DDNS**.

**3.** Em **Service Provider**, selecione o servidor DDNS. O que recomendamos aqui é o DynDNS (www.dyndns.com).

**4.** Em **Domain Name**, digite o nome de domínio criado;

**5.** No campo **User Name/Email**, digite o nome de usuário que você criou ao abrir a conta no serviço DDNS.

**6.** Em **Password/Key**, digite a senha que você criou ao abrir a conta no serviço DDNS.

**7.** Clique em **Apply changes**.

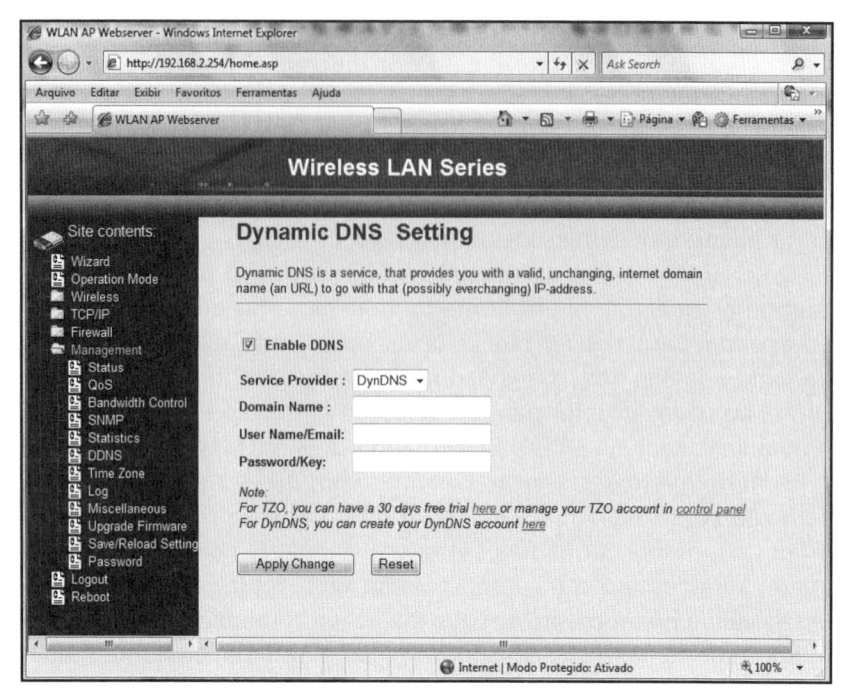

**Figura 8.9.:** Dynamic DNS Setting.

## Miscellaneous

O termo inglês *Miscellaneous* equivale a palavra portuguesa miscelânea. Para quem não conhece, esse terno significa *misturado*, *variado*, *diversos*, *misto*.

Dessa forma, o que encontramos na página **Miscellaneous Settings** (definições diversas) é uma área onde podemos realizar algumas configurações variadas, tais como **HTTP Port** (porta que será usada para o protocolo HTTP – o padrão é 80) RSSI (*Received Signal Strength Indicator* – Indicação da força do sinal), *Ping Interval* (intervalo em segundos para execução do ping) etc. (**Figura 8.10**)

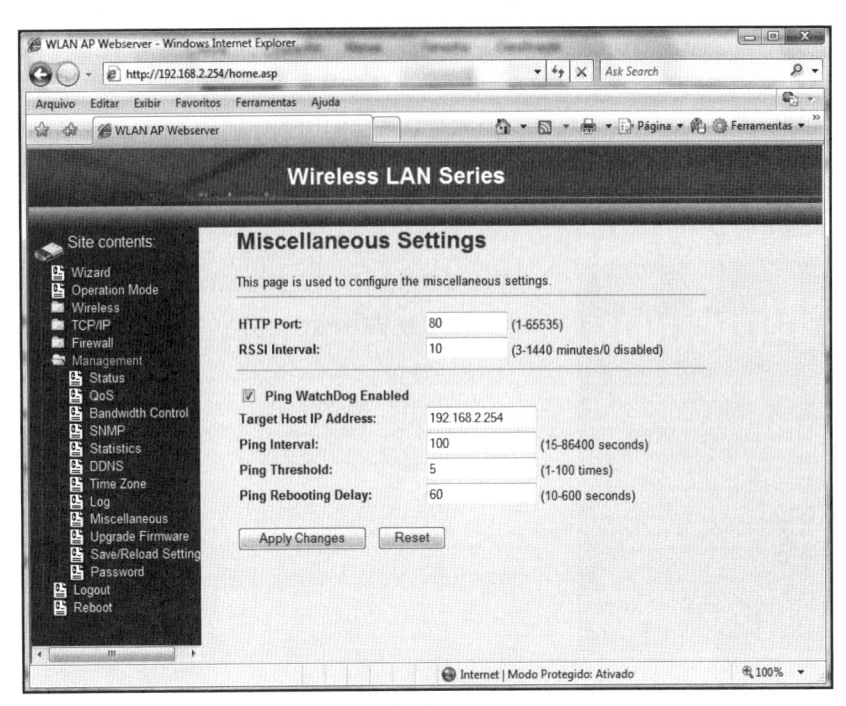

**Figura 8.10.:** Miscellaneous.

Gerenciamento

# CONHEÇA OUTROS TÍTULOS RELACIONADOS

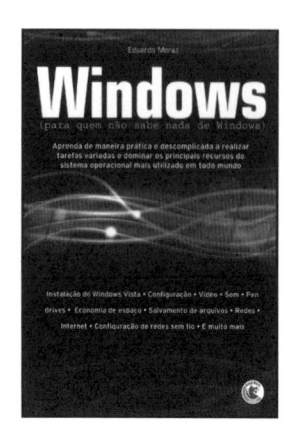

## Windows (para quem não sabe nada de Windows)

*Eduardo Moraz*

O Windows Vista é a mais recente – e polêmica – versão do consagrado sistema da Microsoft. Cheio de novos recursos e ferramentas "escondidas", pode ser difícil acostumar-se com suas novidades, principalmente para os usuários acostumados com as versões anteriores.

Este livro é um guia completo para quem está começando a utilizar o Windows e também para os usuários já antigos, mas que querem ficar antenados com as novidades da nova versão. Com ele o leitor aprenderá, indo do mais simples ao mais avançado e "escondido" como:

- Instalar o Windows Vista
- Fazer as configurações iniciais
- Realizar configurações avançadas de Áudio e Vídeo
- Evitar perdas de dados armazenados no HD e nas pastas do Windows
- Instalar novos programas e aplicativos que incrementam a Área de Trabalho
- Manipular pastas
- Configurar Rede e Internet no Vista
- Utilizar o filtro de segurança contra vírus e sites que roubam senhas bancárias
- Compactar arquivos de forma mais eficiente
  E muito mais.